U0048528

貓頭鷹書房 272

電腦與人腦

現代電腦架構之父馮紐曼的腦科學講義

馮紐曼◎著

廖晨堯◎譯

貓頭鷹

中文版導讀

羅中泉

　　馮紐曼的這本《電腦與人腦》雖然是上世紀五〇年代應耶魯大學西利曼講座的邀請而寫的演講稿，但其真正意義是他為計算機科學與神經科學的發展下了一個既有歷史性也有前瞻性的註腳。要理解這本書的價值必須將它放在科學發展的脈絡下來看。

　　自古以來人類對於大腦提出了不少理論與學說，在現代科學萌芽之前，大腦理論脫離不了神學或形上學，也通常都融入靈魂之類的概念。十八世紀工業革命開始，掌握了更多的科學實驗工具的科學家開始採用實證主義，現代神經科學才真正步上軌道。十八世紀末著名的物理與醫學家伽伐尼以電刺激青蛙腿的實

驗證實神經的訊號傳遞是一種電的活動。十九世紀末二十世紀初，拉蒙卡哈使用高基發明的染色法繪製了大量且精細的腦切片手繪圖，人們終於了解大腦內部是由無數呈現樹狀結構並彼此交纏的神經細胞所組成，而這些細胞間的連結以及他們形成的複雜網絡在大腦的學習記憶功能上扮演著關鍵性的角色。拉蒙卡哈與高基也因此獲得諾貝爾獎。在二十世紀中葉，神經科學理論被三個人推到了高峰。其中兩個人是埃倫‧霍奇金與安德魯‧赫胥黎。兩人於 1952 年提出神經脈衝的數學理論，描述神經訊號是如何透過細胞膜上的離子通道的活動而產生，他們也因此獲得諾貝爾獎。第三個人是唐納德‧赫布，他在 1949 年的一本書中闡述上下游神經細胞活性與其連結強度的因果關係，被視作是記憶與學習最重要的神經理論之一。這三個人的理論仍然是現今許多計算神經科學研究立論的基礎。

　　從另一角度來看，計算機科學當時也正處於一個新時代的起點。計算機器發展的歷史非常悠久，十九世紀之前就有純手動只能做簡單運算的計算機，到十九世紀查爾斯‧巴貝奇提出可編程計算機的概念，可惜當時的技術無法完全實現巴貝奇的概念。到了二十世紀早期，機械式計算機的電氣化讓計算機的能力突飛猛進，加上真空管的發明，使得計算機進入電子時代，運算速度大增。1946 發表的 ENIAC 是第一個通用型的電子計算機，開啟了計算機科技的新時代。但因為使用了大量的真空管，讓它不僅成本高昂，體積龐大，且容易故障。現代計算機真正的轉捩點發生在同時間另一個更重要的開創性技術的發明，這就是 1947 年由貝爾實驗室的科學家開發出來的電晶體。因為電晶體的發明與應用，計算機科技才能呈現爆發式的成長。

　　回到馮紐曼以及他所身處的時代，就可以看出這

本書的歷史意義。這本書的文稿寫於 1955 與 1956 年間，正好是霍奇金、赫胥黎以及赫布提出他們的神經脈衝以及學習記憶理論之後不久，也距 ENIAC 的推出以及電晶體的發明沒有幾年。馮紐曼在這本書中將這兩個似乎是獨立發展卻又同時達到轉捩點的領域做了非常深入且精闢的連結。書中的第一部解釋了計算機的基本運算原理，值得讀者注意的是貫穿其中的「精度」概念。現代數位計算機的成功除了可程式化的能力以外，能以有限精度的元件來達到任意精度的計算的能力也是關鍵之一。進到本書的第二部，馮紐曼在前半講解神經細胞基本的操作原理。他雖為數學家，但對於當時神經科學認識的透徹程度令人讚嘆。整本書的精華應該是在第二部分的後半，在這裡馮紐曼比較了計算機與神經元的計算原理，真正展現出他驚人的洞見。他甚至提出一些後來才被證實的神經運作方式的推測。比如說他認為雖然神經細胞可比擬為

計算機中的主動元件，但真正有意義的不是細胞的數量而是細胞間連結（突觸）的數量，另外他也提到兩個神經元互相刺激也可以組成記憶，而這是現在計算神經科學界對短期工作記憶機制的主流理論。馮紐曼在神經計算的論述上如同第一部一樣圍繞著「精度」這個概念打轉。他理解到神經元的精度非常低，可是又沒有像數位計算機一樣的機制可在一長串序列計算中保持任意精度，所以他認為神經系統的計算的「深度」應該是淺的，但靠的是大量的平行運算來處理。現在我們知道神經系統可以依靠所謂的群體編碼（population coding）來達到高精度的訊號傳遞。馮紐曼雖然並沒有在書中提到這個詞，但是他的論述已經包含了類似的想法。

　　馮紐曼之後幾十年間計算神經科學當然也發展出許多馮紐曼在書中沒有提到的新概念，比如說「複雜網絡」。我們現在知道大腦很多功能是依靠著複雜的

網絡結構來達成，而個別神經細胞與連結的特性雖然也很重要，但不代表全部。更重要的是大腦依靠複雜的網絡結構來達到所謂的「強健性」（robustness），也就是抵抗外在破壞的能力，而這正是傳統計算機硬體所缺乏的。現今最熱門的人工智慧中的類神經網絡，其基本概念即是從大腦視覺系統的神經網絡結構所啟發而來。雖然現階段類神經網絡大多數的情況下都還是在傳統的數位電腦上模擬，但已有不少研究團以類神經網絡的架構來設計所謂的仿神經晶片。有些仿神經晶片使用所謂的記憶體內運算，與馮紐曼當初提出的將運算單元與記憶體分開的架構不同，所以這類的仿神經晶片被稱作是「非馮紐曼架構」。其實馮紐曼在書中花了不少篇幅討論神經系統中的記憶體到底在哪裡，他提出各種想法，當中還包含了前述的赫布理論，也就是突觸（神經的連結）就是記憶所在。只是他把這想法稱之為「極端的概念」。在他的年

代，這想法的確是非常的前衛。如果他活到現在，看到整個蓬勃發展的類神經網絡就是使用這樣的概念，應該會興奮大喊：「我就知道！」

　　除了馮紐曼所寫的內容以外，這本書的三個序也不能錯過。第一個序是馮紐曼的妻子寫的，介紹了馮紐曼的生平以及這本書的來龍去脈。後兩個序是分別在 2000 與 2012 為第二版與第三版所寫。撰寫人都是著名的專家，他們的序也都反映了當時科學界對計算機與神經科學的看法，從科學與技術發展的速度來看，這兩個序可以視作是不同時代的註腳。而本篇導讀寫於 2021 年，這幾年人工智慧爆炸性的發展相對應於 2012 年來說也算是另一個世代了。現在以及可見的未來，計算機科技將藉著仿神經工程慢慢的和神經科學匯聚在一起。在這個時間點回頭來看馮紐曼的書我們又有更深的體會。

二○二一年四月於新竹

西利曼基金會系列講座

　　在紀念西利曼夫人的基礎上，耶魯大學校長與其研究員每年舉辦一系列的講座以透過自然與道德世界的現象彰顯神的存在與祂的天意。遺囑人相信，有組織的呈現自然或歷史上的現實，相較於教條式或強調爭辯的神學，更能為此目標貢獻。也因此後者不在此系列講座的範疇中。講座的主題是從自然科學與歷史中挑選，尤其著重於天文學、化學、地質學與解剖學。

目 次

第一部　電腦

第二部　人腦

第三版序

雷・庫茲威爾

　　從商業、政治、到藝術領域，資訊科技早已改變了人類生活的每一個面向。由於每一種資訊科技的本質就是爆炸性成長的功能與性價比，資訊時代的影響範圍持續地在擴張。人類智慧本身可說是最重要的資訊處理程序。此書則可能是最早去認真探討我們的思考模式與電腦之間關係的一本著作，而作者正是為電腦時代打造基礎架構的數學家。

　　在了解人腦的遠大計畫裡，我們在反向推導人類思考模式的速度愈來愈快，並將這些由生物啟發的方法用於創造更有智慧的機器。依此方法開發的人工智慧最終將遠遠超越未提升過的人類思考。我認為這些

努力的用意不是要將我們取代,而是將早已人機共處的文明拓展、延伸。這正是人類物種的獨到之處。

資訊時代背後最重要的觀念有哪些呢?就我來看有五點。其中三點主要可歸功於馮紐曼,有關第四個觀念他也有根本上的貢獻。夏農解決了資訊可靠性的基礎問題。圖靈受到馮紐曼一次早期的演講所影響,並定義且證明了計算的通用性。在圖靈與夏農的基礎上,馮紐曼發明了馮紐曼機。而馮紐曼機則成為了執行計算的基礎架構至今。

在你手中這本看似內容不多的書中,馮紐曼清楚地描述他的計算模型並加以定義了人腦與電腦本質上的相等性。他承認人腦與計算機之間在結構上明顯地不同,但透過圖靈的計算相等原則,馮紐曼想像了一個能夠將大腦方法當作計算來看待、重現那些方法、最終拓展其能力的策略。考慮到這本書是在半個世紀前、神經科學只有幾個最原始的工具可用的年代所撰

寫的，更可看出此書的先見之明。最後，馮紐曼預見
了科技本質上的加速發展以及其所造成無可避免的後
果：一次人類史上的重大轉變即將來臨。讓我們來稍
微仔細點來看這五個基本觀念。

　　在 1940 年前後，如果你提到計算機（computer）
這個詞，人們會認為你指的是類比計算機。在類比計
算機中，數字是以不同的電壓來表示，而算術運算如
加法與乘法則是透過特殊元件執行。但類比計算機一
個很大的限制為其準確度。類比計算機在數字表現上
的準確性只有約百分之一，而由於代表數字的電壓要
經歷一次又一次的算術運算處理，這些誤差會疊加。
若要執行稍微多一些計算，其誤差會大到讓結果失去
意義。

　　這個現象是任何還記得用錄音帶拷貝音樂的年代
的人都有印象的。第一份拷貝錄音帶會明顯的劣化，
跟原版比起來會有較多的雜音（代表隨機的誤差）。

而用此副本複製出的下一代拷貝錄音帶雜音又更多了點。到了第十代所複製出的錄音帶差不多就只剩雜音了。

　　而當時認為相同的問題會影響新興起的數位計算機領域。只要想像透過一個通道傳遞數位資訊，我們就可以看出當時為什麼會認為有這樣的問題。沒有通道是完美的，任何通道都會有其固有誤差率。假設有一個通道，其正確傳輸每一個位元的機率是 0.9，則在傳輸一位元的訊息時，這個訊息正確地透過該通道傳輸的機率為 0.9。假如要傳輸兩個位元呢？準確度會是 $0.9^2 = 0.81$。如果是傳送一個位元組（八個位元）呢？正確傳達的機率將剩不到一半（正確來說是 0.43）。而正確傳送五個位元組的機率約為百分之一。

　　一個明顯可以避免此問題的方式是將通道的準確度提高。假設此通道傳送一百萬個位元只會出現一個錯誤。在傳送一個五十萬位元組的檔案時（大約是一

個普通大小的程式或資料庫），僅管通道的固有準確度已經非常高了，能夠正確傳輸的機率還是低於百分之二。試想僅一個錯誤的位元就能讓一個計算機程式或數位資訊作廢，這個結果實在無法讓人滿意。不管通道的準確度為何，由於傳輸中的錯誤會隨著訊息變大而快速增長，這個問題看似無解。

　　類比計算機對應此問題的方式是透過從容退化。類比計算機也會因為使用次數增加而累積誤差，但如果我們將其工作縮小在一組有限制的計算內，它們也能發揮用處。另一方面，數位計算機需要持續地通訊，而通訊不僅存在計算機之間，也存在於計算機內各部之間。記憶體與中央處理器之間需要通訊，而在中央處理器內部，暫存器之間需要通訊，與算術單元之間也需要來回通訊等等。即便是算術單元內部，位元暫存器之間也需要通訊。通訊充斥著每個層級。考慮到錯誤率會隨著通訊增加而快速上升，且單單一個

位元的錯誤就能摧毀一個程序的健全性，數位計算機根本沒救了！至少當時看來是這樣的。

　　令人驚訝的是，這個看法一直都是主流，直到夏農提出了資訊時代的第一個重要觀念。他證明了我們能利用最不可靠的傳遞通道達成任意準確的通訊。夏農在一九四八年七月與十月的貝爾系統技術期刊中的發表了一篇在今日被視為重要里程碑的論文〈通訊的數學理論〉。在該論文中，特別是在雜訊通道編碼定理中所提到，若有一任意錯誤率（除了剛好每位元百分之五十，即代表通道傳輸的是純雜訊）的通道，在傳輸訊息時可以將錯誤率降到任意小。也就是說，錯誤率可以是每 n 位元中一位元，其中 n 可以是任意大。舉個極端的例子來說，如果你有一個通道，該通道傳輸每一位元只有百分之五十一的時候是正確的（即正確傳輸的發生次數只比錯誤傳輸再頻繁一點），你還是可以傳輸一個每百萬個位元只有一個錯

誤位元的訊息，或者每兆位元甚至每兆兆位元中只有一個錯誤位元。

　　這是怎麼做到的？答案是透過冗餘。這在現在來說也許是顯而易見的，但在當時並不是這樣。舉一個簡單的例子。若我重複傳輸每一個位元三次並取多數決，則能大幅提升結果的可靠度。若這還不夠好，可以增加冗餘直到可靠度提升到所要的程度。只要重複訊息就能提升準確度，這是在低準確度的通道能夠達成任意準確率最淺顯易懂的方法，但這個方法並不是最有效率的。夏農的論文開創了資訊理論的學門，並展示了能夠在任何非隨機通道達到任意準確度的錯誤檢測與糾正編碼之最佳方法。

　　年紀較大的讀者可以回想一下透過高雜訊的類比電話線傳輸訊息的撥接數據機，那過程有許多嘶嘶作響的噪音與失真，但我們還是能以非常高的正確率傳輸數位訊息。這要歸功於夏農的雜訊通道定理。

　　數位記憶體也有相同的問題與相同的解答。你有沒有想過為什麼 CD、DVD 與磁碟片在掉落地面並且刮花了以後還能持續保持可信的結果嗎？這又要再次感謝夏農。計算由三個元素組成：通訊（如上述在電腦之間與電腦本身之中都隨處可見）、記憶體與邏輯閘（執行邏輯與算術功能）。邏輯閘的正確率也可以同樣透過錯誤檢測與糾正碼任意提高。我們之所以能夠處理任意大小與複雜度的數位資料或運算法，且不讓這些程序被錯誤擾亂或毀壞，也要歸功於夏農所提出的定理。

　　資訊時代所倚靠的第二個重要觀念是計算的通用性。在一九三六年，圖靈描述了他的「圖靈機」。圖靈機並不是一個實際存在的機器，而是一個思想實驗。他的假想計算機包含了一個無限長的方格記憶帶，其中每一方格內有 1 或 0。此機器的輸入就是透過這個記憶帶。機器一格一格的讀取記憶帶。機器也

包含了一個規則表，其本質就是內儲程式。這些規則包含了一些編號過的狀態。每一項規則規定讀到的方格內是 0 的話執行一個動作，是 1 的話執行另一個動作。可能的動作包含將 0 或 1 寫入到記憶帶上、將記憶帶往左或往右移動一格或停機。每一個狀態也會指定下一個機器應進入的狀態編號。當機器停機時，它已經將演算法執行完畢，而該程序的輸出則留在記憶帶上。雖然該記憶帶理論上無限長，任何現實中（沒有無限迴圈）的程式只會使用記憶帶上有限的一個區域。因此即便我們限制自己使用有限的記憶體，該機器還是有解決一系列問題的實用性。

如果圖靈機聽起來很簡單，那是因為圖靈希望如此。他希望他的圖靈機能愈簡單愈好（但套句愛因斯坦的話，不能更簡單）。圖靈與他以前的教授阿隆佐・邱奇後來發展了邱奇－圖靈論題，該論題提到若一個能輸入至圖靈機的問題無法用圖靈機解出，則該

問題依自然法則無法用任何機器解出。雖然圖靈機只有一小撮指令且一次只能處理一個位元，只要是計算機能計算的題目它都能計算。

「強」版本的邱奇－圖靈論題中則提出人類可思考或知道的事情與機器能計算的事情在本質上相等。此論題的基本概念是由於人腦受制於自然法則，因此其資訊處理能力無法超越機器（也代表無法超越圖靈機）。

我們可以將建立計算理論基礎的功勞正確地歸功於圖靈一九三六年的論文，但不要忘記圖靈也深深被馮紐曼一九三五年在英國劍橋有關他內儲程式概念的演講所影響，而此概念在圖靈機中扮演舉足輕重的角色。相對地，馮紐曼也受到圖靈一九三〇年的論文影響。該論文很優雅地解釋了計算的原理，而馮紐曼在三〇年代末四〇年代初將該論文列為他同事們的指定讀物。在同一篇論文中，圖靈提到了另一個非預期的

發現：不可解問題。不可解問題是定義良好且可證明有唯一解，但也可證明無法用圖靈機（也就是任何機器）計算的問題。這與十九世紀時普遍認為任何可定義的問題最後都可解的觀念背道而馳。圖靈證明了不可解問題與可解問題一樣多。庫爾特・哥德爾在他一九三一年的不完整定理中也下了同一個結論。我們也因此卡在一個令人費解的狀態：我們可以定義一個問題，並且證明唯一解的存在，卻也知道這個我們永遠找不到這個答案。

　　圖靈、邱奇與哥德爾的成果還有許多哲學上的意義可討論，但就此序來說，只要知道圖靈證明了計算本質上是基於一個非常簡單的機制就以足夠。由於圖靈機（及任何計算機）能夠依照已計算的結果制定其未來的動作，因此能做決策及建立任意複雜度的資訊階層模型。

　　圖靈設計了並在一九四三年十二月完成了世界上

第一台電腦：巨人電腦以破解納粹德國用恩尼格瑪密碼機所加密的訊息。巨人電腦的設計就只能做一項工作且其程式不能被改寫作其他用途。不過它將那一項工作做得很出色。盟軍能夠克服德國空軍對英國皇家空軍三比一的優勢並且在關鍵的不列顛戰役中取得勝利也要歸功於巨人電腦。

馮紐曼就是在這樣的基礎上創造出了現代電腦的架構：馮紐曼機。馮紐曼機存在於過去六十六年幾乎所有的電腦的核心構造中，從你的洗衣機中的微控制器到最大的超級電腦中都可找到它。這是資訊時代中第三個重要觀念。在一篇一九四五年六月三十日發表的名為〈離散變量自動電子計算機（EDVAC）報告初稿〉的論文中，馮紐曼介紹了一個從那時候就主導計算學至今的概念。馮紐曼模型包含了一個處理算術與邏輯運算的中央處理單元、儲存程式與資料的記憶體單元、大量儲存器、程式計數器及輸出入通道。本

書的前半段敘述了這個構想。雖然馮紐曼的論文原本是專案內部文件，卻變成了一九四〇年代與一九五〇年代電腦設計師的聖經，並確實影響了自當時以來建造的每一台電腦。

　　圖靈機本來就不是為了實用性而設計的。圖靈導出的定理並沒有考慮解題的效率，而是注重於檢視哪些問題能透過運算求解。馮紐曼則把眼光放在創造一個實用的運算機器概念。他的概念將圖靈的一位元運算用多位元（通常是八的倍數）的字組取代。圖靈的記憶帶是循序讀取的，所以圖靈機程式花費過多的時間在來回移動該記憶帶以儲存與讀取中間結果。相對地，馮紐曼機的隨機存取記憶體可以立即讀取任何資料項目。

　　馮紐曼的關鍵觀念之一是他提早十年就提出的內儲程式。內儲程式跟資料是存放在同樣的隨機存取記憶體中（且常常是同一個區塊）。這讓電腦程式能夠

被重新改寫做其他的工作，甚至（如果程式儲存區是可覆寫的）能寫入能自我修改的程式碼。而這種程式碼能創造一種很強大的遞迴。在那之前幾乎所有的電腦，包含圖靈自己的巨人電腦，都是為了單一任務而打造的。內儲程式讓電腦真正地通用化，也因此實現了圖靈理想中計算通用性。

馮紐曼的另一個關鍵觀念是讓每個指令都包含了一個運算碼，用來指定要執行的算術或邏輯運算以及運算元的記憶體位址。馮紐曼在與伊克特及莫克利合作的 EDVAC 設計報告中介紹了這個構想。事實上，EDVAC 電腦本身直到一九五一年才開始運作，而當時已經有其他內儲程式的電腦了，例如曼徹斯特小規模實驗機、ENIAC、ENSAC 及 BINAC。這些電腦全部都深深受到馮紐曼論文的影響，而伊克特與莫克利也都有參與這些電腦的設計。馮紐曼對於上述多個電腦的設計都有直接的貢獻，包含一台支援內儲程式的

新版 ENIAC。

　　馮紐曼的架構有幾個前身，雖然這些前身中沒有一個是真正的馮紐曼機，除了一個出乎意料的例外。霍華德‧艾肯在一九四四年建造的馬克一號擁有可程式性的元素，但並未使用內儲程式。馬克一號讀取打孔紙帶上的指令並且立即執行，但並沒有條件分支指令，也因此無法將其視為馮紐曼架構的一個例子。

　　在馬克一號之前有康拉德‧楚澤在一九四一年所創造的 Z-3 電腦。Z-3 也是從記憶帶上讀取程式（在這邊是用底片），並且也不支援條件分支指令。有趣的是，楚澤接受德國飛機研究中心的援助，該中心利用 Z-3 來研究機翼顫振，但當楚澤跟納粹政府索取經費好將他的繼電器更換成真空管的時候卻被拒絕了。納粹黨認為運算對戰爭沒有幫助。

　　馮紐曼概念唯一一個真正的前身早在一個世紀前問世。查爾斯‧巴貝奇在一八三七年初次描述的分析

機（Analytical Engine）就包含了利用打孔卡片實現內儲程式的概念。而這打孔卡片的靈感則來自於提花梭織機。分析機的隨機存取記憶體由一千個字組所組成，每個字組有五十個十進位元，等同約二十一千位元組。每一個指令中包含了一個運算碼與運算數，就跟現代的機器語言一樣。它也支援條件分支與迴圈，也因此是一個真正的馮紐曼機。分析機似乎超出了巴貝奇的機械與組織能力，因此從來沒有運轉過。而沒有人清楚二十世紀的電腦先驅們，包含馮紐曼在內，知不知道巴貝奇的成就。

　　而儘管不曾運作過，巴貝奇的計算機造就了軟體設計的學門。艾達‧拜倫，又稱勒芙蕾絲伯爵夫人，詩人拜倫唯一婚生的孩子，為分析機寫了一些程式並在自己的腦中除錯。這個做法在今天稱為「查表」且廣為軟體工程師所知。他也翻譯了一些義大利數學家路易吉‧米那比亞有關分析機的論文並且加入了大量

他自己的註記。他寫道「分析機編織出不同的代數樣式，有如提花梭織機編織花與葉子。」他後來成為第一個對人工智慧的可行性提出猜測的人，不過他卻斷言分析機並沒有「創造任何東西的野心」。

考慮到巴貝奇所生活與工作的時代，他的想法真的很神奇。但到了二十世紀中，他的豐功偉業已經消失在時代的洪流中。將現今電腦的關鍵原理發想並清楚表達出來的是馮紐曼。而這世界則透過持續稱馮紐曼機為運算的主要模型來表揚這件事。

要記住馮紐曼機在其多個單元之間與單元本身內部不斷地傳輸資料，因此若不是夏農設計了用來傳輸與儲存可靠數位資訊的定理與方法，馮紐曼機是不可能建造得出來的。

這把我們帶到第四個重要觀念：如何賦予電腦智慧使其超越愛達‧拜倫的結論，也就是電腦無法創意思考。圖靈早在一九五〇年的〈計算機與智慧〉論文

中就提到這個目標。該論文也包含了現在非常著名的
圖靈測試，它是一個可以用來確認一個人工智慧是否
已經與人相當的測試。馮紐曼在此書中介紹完馮紐曼
架構以後，轉而檢視人腦本身。人腦終究是智慧系統
的最佳範例。若我們能學會人腦的運算方法，我們就
能用這些生物啟發的模型來建造更多智慧機器。這本
書是第一本透過數學家與電腦先驅的觀點認真探討人
腦的書。在馮紐曼之前，電腦科學與神經科學領域毫
不相干。

　　諷刺的是，這一本二十世紀最聰明的數學家之
一，同時也是電腦時代的先驅的遺作是在探討智慧本
身。此書原本預期是要在耶魯大學以一系列的講座呈
現，但因癌症的摧殘，馮紐曼並沒有上台演講，也沒
有完成演講的原稿。儘管如此，原稿依然非常傑出，
並如先知般預告了我所認為人類最艱鉅也最重要的工
作。

　　馮紐曼一開始先清楚描述電腦與人腦之間的差異與相似處。考慮到他是在一九五五與一九五六年寫的，此講稿異常精準，尤其在對比電腦與人腦相關的細節上。他指出了神經元的輸出是數位的：軸突只有發射或不發射兩種狀態。在當時並非顯而易見，因為輸出也有可能是類比訊號。而從樹突連結到神經元以及在神經細胞體中的處理程序卻是類比的。他將這些計算描述為有閾值的輸入加權總和。這個描述神經元如何運作的模型促使連結主義這個領域的形成。連結主義系統的硬體與軟體都是以這個神經元模型為基礎。而第一個連結主義系統是在一九五七年由法蘭克‧羅森布拉特在康乃爾大學所建立，該系統以軟體的形式存在於一台 IBM 704 電腦上。

　　對於神經元如何結合輸入，我們現在有更複雜的模型了，不過基本概念還是不變：樹突上的輸入是透過神經傳導物質濃度做類比處理。我們不會期待馮紐

曼在一九五六年能將神經元如何處理資訊的細節都正確描述，但這些用來堆疊他論點的關鍵要素至今還是站得住腳。

馮紐曼運用計算通用性的概念得到的結論是，儘管人腦與電腦的架構與構件看來大不相同，我們依然可以做出馮紐曼機能夠模擬人腦程序的結論。然而相反的論述卻不成立，因為人腦並非馮紐曼機，且並無真正的內儲程式。人腦的演算法或方法是隱含在其構造中。

馮紐曼正確的斷定神經元可以從輸入的模式中學習，而現在我們知道這是編碼在神經傳導物質的濃度中。而在馮紐曼的時代還不知道的是，學習也透過神經元之間連結的建立與破壞在進行。

馮紐曼指出神經處理訊息的速度極慢，約莫每秒一百次計算，但人腦透過龐大的平行處理功能來彌補速度上的弱點。人腦中 10^{10} 個神經元中的每一個都在

同步處理訊息（這個數字也相當準確。現今的估算在 10^{10} 與 10^{11} 之間）。事實上，每一個連結（平均每一個神經元有 10^3 個連結）都在同步執行運算。

有鑑於當時神經科學還在剛起步的狀態，他對神經處理的估算與描述尤其出色。唯一一個我不認同的描述是馮紐曼對人腦記憶容量的估算。他假定人的大腦能夠記得一生所有的輸入。六十年大約為 2×10^9 秒。以每秒十四個輸入訊號至每個神經元（這個估算實際上至少低了三個數量級），並有 10^{10} 個神經元執行計算，他估算大腦的記憶容量約有 10^{20} 個位元。事實上我們只記得我們的經驗與想法中很少的一部分，且這些記憶不是以低階的位元樣式（如視訊影像），而是一連串的高階樣式存在大腦中。我們大腦皮質中的樣式識別器是依不同層級安排，有些識別器是用來識別特定的構造，如大寫「A」中的橫，或者下方的凹。這些存在於新皮質的低階識別器將識別出的結果

傳給更高階的樣式識別器。在那個層級，識別器可能認識特定印刷字體如「A」。在更高的層級，可能會開始識別單字，如「Apple」。在皮質層的另外一區，同層級的識別器也許能認得該物體，一顆蘋果。而在另一個區塊，識別器也許認得唸出單字「Apple」的聲音。在更高的概念層級，某識別器可能會認為「這真好笑」。我們對事件於想法的記憶是以這些高階識別組成。當我們喚起某個經驗的記憶時完全不會有等同於影片在我們腦中播放的體驗。我們會回想起一連串上述的高階樣式。我們要重新想像那個經驗才能填入沒有清楚記得的細節。

你可以透過回想一個最近的經驗來證明給自己看，例如上次去散步的情形。當時的情形你可以記得多少？你遇見的第五個人是誰？你有看到嬰兒推車嗎？郵筒？你轉第一個彎的時候看到什麼？如果你有經過一些商店，第二個櫥窗內有什麼？或許你能從你

所能記得的些許線索中拼湊出這些問題的答案，但大部分的人並沒辦法完整地回想整個過程。而機器事實上則可以輕易地回想，而這正是人工智慧的優勢之一。

在這本書中只有少數的論述是我認為與我們現今的理解有很大的出入。我們在今天還無法完美地描述大腦，所以我們也不會期待一本一九五六年出版，反向研究大腦的書能做到。但儘管如此，馮紐曼的描述卻很驚人地跟得上時代。而他用來建立結論的細節依然合理。在他描述大腦中的每個機制時，他說明了現代電腦如何在表面上看來如此不同，卻能完成相同的運算。大腦的類比機制可以透過數位機制模擬，因為數位運算能夠模擬類比值至任意精準度（而類比資訊在大腦中的精準度滿低的）。

大腦龐大的平行模式也能透過電腦顯著的速率優勢，利用序列運算模擬出來（而這個優勢自此書撰

寫至今已經大幅擴大）。另外我們也可以透過使用平行馮紐曼機在電腦中進行平行處理。現代的超級電腦正是這樣運作的。由於我們可以很快速地做決策，但神經元計算的速度卻非常慢，馮紐曼斷定大腦的方法一定不包含冗長的循序演算法（sequential algorithms）。在棒球比賽中，當三壘手決定要傳球到一壘而非二壘時，他是在極短的時間內做這個決策。這時間僅能讓每個神經元運作少少幾個週期（即神經迴路處理一次新輸入所需的時間）。馮紐曼正確的斷定大腦強大的能力是因為一百億個神經元能夠全部同時處理訊息。近年在反向研究視覺皮質的進展確認了我們能在短短三四個神經週期內就做出複雜的視覺判斷。

　　大腦有相當大的可塑性，也因此我們能夠學習。但電腦有更大的可塑性讓其可以透過更換軟體完全改造其方法。也因此電腦可以模仿人腦，反之則不然。

　　當馮紐曼將大腦強大的平行架構的能力與他的時代的少數幾台電腦做比較，很明顯地大腦比一九五六年的電腦強大許多。模擬人類大腦功能性的速度的較保守估計約為每秒 10^{16} 個運算，而今天，第一台可滿足這個速度需求的超級電腦正在建造中。我預計能夠達到這種運算等級的硬體在二〇二〇年代初會要價美金一千元。雖然此手稿是在電腦史上極早期的時候寫的，馮紐曼仍然有信心人類智慧的硬體與軟體終究會出現。這也是他準備這系列演講的原因。

　　馮紐曼深深了解進步的腳步愈來愈快，也知道該進步對人類未來的深遠影響。這也把我們帶到資訊時代第五個重要觀念。

　　一九五七年，馮紐曼過世後一年，同為數學家的烏拉姆（Stan Ulam）引述馮紐曼的話說：「不斷加快的科技進展以及人類生活模式的改變，給人一種我們正在接近人類史上某個本質奇異點，而過了這個

點，一切我們所知的人類事務將無法繼續。」這是
「奇異點」這個詞首次用於人類史的脈絡中。

延伸閱讀

Bochner, S. (1958). *A Biographical Memoir of John von Neumann*. Washington, D.C.: National Academy of Sciences.

Turing, A. M. (1936). "On Computable Numbers, with an Application to the Entscheidungsproblem." *Proceedings of the London Mathematical Society* 42: 230-65. doi:10.1112/plms/s2-42.1 .230.

Turing, A. M. (1938). "On Computable Numbers, with an Application to the Entscheidungsproblem: A Correction." *Proceedings of the London Mathematical Society* 43: 544-46. doi:10.1112/ plms/s2-43.6.544.

Turing, A. M. (October 1950). "Computing Machinery and Intel- ligence." *Mind* 59 (236): 433-60.

Ulam, S. (May 1958). "Tribute to John von Neumann." *Bulletin of the American Mathematical Society* 64 (3, part 2): 1-49.

von Neumann, John. (June 30, 1945). "First Draft of a Report on the EDVAC." Moore School of Electrical Engineering, University of Pennsylvania.

von Neumann, John. (July and October 1948). "A Mathematical Theory of Communication." *Bell System Technical Journal* 27.

第二版序

保羅與派翠西亞・邱奇蘭

　　這個看來無害的一本小書正處於颶風眼中。它所代表的是一個平靜清晰的區域，位於互相競爭的研究計畫與有力論述所構成之巨大漩渦的中心。而更特別的是，這本書是在近年電腦科技大爆炸剛起步的一九五六年所寫的。而這個大爆炸會永遠定義二十世紀的後半。馮紐曼在他最後的一系列演講中（這裡以一本書的形式出版）試著透過現代計算理論的透鏡並依據當時的電腦科技與實證神經科學，周延地評估大腦中可能的運算活動。

　　我們也許會認為在當時所做的任何評估到了今日一定是完完全全的過時了。然而事實卻是相反的。在

純粹的計算理論方面（即有關產生任何可計算函式
元素的理論），威廉・邱奇*、圖靈及就某種程度而
言馮紐曼自己所打下的基礎比他們任何人能想像的都
還穩固且豐富。透鏡從一開始就打磨得很漂亮，直到
現在都還能清楚聚焦各式各樣的問題。

　　在電腦科技方面，那些已進入美國所有的辦公室
以及半數的家庭內的跨千禧年機器都是稱為馮紐曼架
構的實例。它們都是某個主要由馮紐曼發展與探究的
功能組織範例。這個架構利用一個循序「程式」來決
定該機器的中央處理器的基本運算本質與步驟的順
序，而該程式存放於機器的可修改「記憶體」中。這
個架構的原始理論基礎在這裡快速且清楚地透過馮
紐曼自己的文字描出輪廓。雖然在我們說「程式」

＊ 註：此處原文為 William Church，與圖靈共同提出邱
　　奇－圖靈論題的應為阿朗佐・邱奇（Alonzo Church）。

（program）的地方他講的是「碼」（codes）。他比較「完整碼」（complete codes）與「短碼」（short codes），而我們說的是「機器語言程式」（machine-language programs）與「高階程式設計語言」（high-level programming languages）。然而只有文字與機器的時脈頻率變了。若他還在世，馮紐曼眼睛所看到的每一台機器，從 PalmPilot 電子助理到超級電腦，不管是拿來玩撲克牌或模擬宇宙起源，他應該都認得出那是他原創架構的進階範例。不管怎麼看，他都沒有被電腦科技的眾多進步給遺忘。

　　就實證神經科學方面，情況則是較為複雜卻更加有趣。首先，這幾個神經科學學門（神經解剖學、神經生理學、發育神經生物學及認知神經生物學）都各自有了極大的進展。半個世紀的辛勞與研究也在這裡創造了幾乎全新的科學。而歸功於多種近年的實驗技術（如電子與共軛焦顯微技術、箝膜技術、腦電圖與

腦磁圖、電腦斷層、正子造影、核磁共振等）我們現在對於大腦中的微絲結構、微小部位的電化學特性及各種有意識認知下的整體大腦活動都有更詳細的了解。雖然大腦中仍有許多謎題，它已經不是以前的那個黑盒子了。

奇妙的是，這兩門相關科學，一個專注在人造認知過程，另一個則聚焦於自然認知過程，從一九五〇年代到現在一直各自獨立追逐相似的目標。那些取得電腦科學高等學歷的人通常對於生物學的腦只有一點了解，大多數的人甚至一無所知。他們的研究多半注重於撰寫程式、發展新程式設計語言或開發產出不斷進步的硬體晶片，而這些研究沒有辦法讓他們接觸到實證神經科學。同樣地，那些取得神經科學高等學歷的人通常對於計算理論、自動機理論、數理邏輯與二進制算術以及電晶體的電子學也都只有一點甚至毫無了解。較常見的是他們做研究時都在替大腦組織切片

染色以便在顯微鏡下檢視，或者將微電極植入活神經元中以記錄執行各種認知活動時的電特性。他們之中有很多人使用電腦並學過程式設計語言，但只是當作一個用來指點與整理研究的工具，有如電壓計、計算機或檔案櫃一般。

雖然這兩個學門在各自的領域還有許多要探索的地方，也各自達成了各種了不起的成就，事實上這兩個學門在對方的領域能夠貢獻的不多，至少現在看來如此。由於認知或計算程序對這兩個領域都很重要，它們之間看似有重疊，但各自驚人的進步都在平行不交集的軌跡上，兩個姊妹領域也幾乎對彼此毫無貢獻。為什麼會這樣呢？

一個不斷浮現的答案是生物學中的大腦的實體組織與採用的計算策略與馮紐曼架構的標準電腦差異太大。事實上，這兩個姊妹領域在將近五十年的時光中各自關注在非常不同的主題上。現在回頭來看，他們

會各自獨立發展並不意外。

　　這個答案爭議性仍然很大並的確有可能是錯的。**生物**腦到底如何創造眾多認知奇蹟，而又該如何追求建造各種**人工**智慧這個在現代依然重要的議題？上述說法正處於目前相關論述的核心。我們是否應該就無視生物系統那些明顯（速度與可靠性上的）限制而追求那些電子系統其能夠理論上運用馮紐曼架構去建造或模擬任何運算的潛力？還是我們反而應該為了不知名的理由試圖模仿昆蟲、魚類、鳥類及哺乳類大腦中的運算架構？而那倒底又是怎麼樣的架構？與人造機器中的做法又有什麼重要或有趣的不同？

　　在這裡讀者也許會感到訝異，馮紐曼提出了強力、有先見之明又很明確的非古典答案。他在此書的前半一步步帶著讀者了解他著名的經典觀念，而當他終於寫到大腦的時候，他拋出了一個初步的結論：「它的運作在表面看來是數位的。」但這個對神經元

資料的初步看法在表面看來也是強行套上的。馮紐曼也立刻承認這點並接著以長篇探討。

　　他點出的第一個問題就是神經元之間的連結並沒有像傳統**及閘**與**或閘**那樣明顯的兩條輸入一條輸出的配置。雖然每個細胞通常只會延伸出剛好一個輸出軸突，與傳統觀念相符，但每個細胞也會接受上百個甚至幾千個以上來自其他多個神經元的輸入。這件事不是絕對的，因為還有例如多值邏輯等的存在，但也足以讓他遲疑了。

　　而當馮紐曼進一步逐一比較大腦的「基礎主動部位」（推定為神經元）與電腦的「基礎主動部位」（各類邏輯閘）在基本特性上的不同，事情變得更複雜了。他觀察到神經元與他推測的相對應電子元件相比有空間上的優勢；神經元小了 10^2 倍（在當時這個估算是完全正確的，但在光刻微晶片意外地出現後，這個大小上的優勢就消失了，至少以二維的平面來

講。就這點我們可以原諒馮紐曼）。

　　更重要的是神經元的運作速度是個很大的劣勢。在他的估算中，神經元完成基本邏輯運算所需時間大概比真空管或電晶體慢了 10^5 倍。很不幸地就這點來說他是對的，而這麼說的原因則即將在後續浮現。真要說的話，它低估了神經元這個非常巨大的劣勢。若我們假設神經元有不超過約 10^2 Hz 的時脈頻率，那麼最新的電腦中常見的一千兆赫（也就是每秒 10^9 個基礎運算）時脈頻率會將這個差距推升到 10^7。這是一個無可避免的結論。若大腦是一個馮紐曼架構的數位電腦，相較之下它注定是一隻運算界的烏龜。

　　此外，生物腦表示任一變數的準確度也比數位電腦能做到的還要低了許多數量級。馮紐曼觀察到電腦能很輕易地使用並處理小數點後八位、十位、十二位數的表示法，而猜測為神經元表示法的軸突突波頻率看來最高只能表示小數點後二位數（準確點說是最高

一百赫茲的正負約百分之一）。這很令人困擾，因為在任何運算的過程中都需要經過許多步驟。在初期步驟中發生於表示法的小誤差到最終步驟時會常態性地累積成較大的誤差。更糟的是在許多重要的運算類別中，即便是在初期步驟中的極小誤差也會在後續步驟中指數性放大，最後必然導致失控的錯誤輸出。因此若大腦是一台只有小數點後兩位數準確度的數位電腦，它注定是個運算中的蠢材。

速度與準確度這兩個嚴重的限制結合起來驅使馮紐曼下了一個結論，也就是不管大腦用的是什麼樣的運算型態，該型態一定只包含了極少他所謂的「邏輯深度」。換句話說，不管大腦在做什麼，都不可能像數位機器的中央處理器執行在超高頻率遞迴動作一般，循序執行數以千計的運算步驟。考慮到神經元活動的緩慢，大腦根本沒有時間完成最瑣碎的運算以外的任何運算。此外，考慮到大腦常用表示法的低準確

度，就算時間足夠也無法勝任任何運算。

　　這對馮紐曼來說是個讓人感到辛酸的結論，因為很明顯地，即便在前述的各種限制下，大腦還是能以某種方式執行各式各樣不同且複雜的運算，並且在一眨眼間就能完成。但他的論述並無任何問題。他指出的限制都確確實實地存在。那我們該如何理解大腦呢？

　　正如馮紐曼正確地感受到的，大腦的運算似乎是利用強大的邏輯廣度來彌補其邏輯深度無可避免的欠缺。如他所說的：「大型有效率的自然自動機較有可能是高度**平行**的，而大型有效率的人造自動機則較不會這樣，且較可能為**序列**的。」前者「傾向盡可能同時蒐集最多的邏輯（或含資訊的）項目並同時處理它們」。他補充道，這代表我們必須在計算所有基礎主動**部位**數量的時候將範圍擴張到超出大腦的神經元去包含所有的突觸。

　　這些都是很重大的見解。我們現在知道大腦有約 10^{14} 個突觸連結，每一個都能先調節輸入的軸突訊號再傳遞給接收端的神經元。這樣神經元的工作就是要加總或用其他方式合併所有來自突觸連結的輸入（單一細胞可有多達一萬個輸入），再產生自己的軸突輸出。最重要的是這些微小的調節動作都是同時發生的。由於每個突觸每秒活動約一百次（要記得正常的突波頻率在一百赫茲左右），這代表著大腦執行基礎資訊處理動作總數大約為 10^2 乘以 10^{14}，也就是每秒 10^{16} 個運算！這對任何系統來說都是很驚人的成就，並且更勝於與我們之前所算出一台最先進的桌上型電腦約每秒 10^9 個基礎運算。大腦終究不是烏龜也不是蠢材，因為它從一開始就不是一台數位序列機器，他是一台大規模平行運算的類比機器。

　　馮紐曼在本書中所提的到此，而現代神經科學與平行網絡的電腦模型都趨向強力的肯定這些結論。馮

紐曼所猜想的另一種運算策略現在看來是以下的實例：以數千或上百萬個軸突的突波頻率（形成一個非常大的數入向量）同時乘以一個更大的係數矩陣（即將一群神經元連結至另一群神經元，數以百萬計的突觸接點之配置）產生一個輸出向量（即一個全新不同模式，橫跨整個接收神經元群的同時突波頻率）。而大腦所學習到的任何知識與技能就是透過這數百萬，不，是數兆個突觸連結的整體後天配置來體現。而在任何軸突輸入，例如來自感官的資訊，抵達的時候，這些相同的突觸連結也會迅速執行這些轉換運算。這帶來了速度，並且擺脫了馮紐曼認為無可避免、會遞迴放大的誤差。

然而這邊要很快提一下，這個決定性的見解並不會對他的數位與序列科技的完整性有負面影響，也不會抹滅我們創造人工智慧的希望。恰好相反，我們可以製造突觸連結的電子版本，並且在避開傳統馮紐曼

架構的同時，我們可以創建一個廣大的人造神經元平行網絡，由此實現大腦所運用的「淺」卻「異常地廣」的運算模式的電子版本。這會有更多更耐人尋味的特性。電子版神經元的速度會比活神經元快 10^6 倍，就因為它們是電子而非生化零件所組成的。這意味著許多事情，而其一是一個完全複製每個突觸的電子大腦在三十秒內能完成的思緒會需要你頭骨內的元件長達一年的時間才能完成。同樣的機器能在半個小時內過完一個有智慧的人生，而我們的大腦卻需要七十年。智慧，很明顯地，有個有趣的未來。

在這邊要提出一點警告。是的，小型人造類神經網絡已經建造出來，其假設突觸是小小的乘法器、神經元是有乙狀輸出函數的小小加法器且資訊只利用神經突波頻率編碼。是的，很多這類型的網絡至少在長時間訓練過後都表現出很出色的「認知」能力。但這些同樣的網絡模型，即便他們是類比的且有龐大的平

行運作，幾乎沒有表現出真正的突觸與神經元相同的多元性與奧妙。不斷進步的神經科學研究持續告訴我們，就如它以前告訴馮紐曼一般，我們初次建造出的大腦活動模型頂多只能粗略估計神經運算的實際狀況。就如同過去所猜測並遭馮紐曼質疑的，大腦的運作主要為數位的假說一樣，它們可能錯得很離譜。軸突的運作模式也許能將資訊用不止一種方式編碼；突觸可能用不止一種方式調節該資訊；而神經元可能用不止一種方式整合該資訊。我們現有的模型足夠激發我們的想像力，但大腦仍存在許多謎題，也預告了後續將發現的重大驚喜。我們在此的工作離結束還很早，而我們在實證真相之前也必須謙卑，就像馮紐曼當時一樣。

馮紐曼所建立的架構存在於二十世紀「電腦革命」的每一個角落。這個革命對人類長遠未來的影響至少媲美牛頓的力學或馬克思威爾的電磁學。此外，

關於生物大腦，馮紐曼的人格與洞察力讓他能跳出自己的運算架構，看到一個說不定更強而有力的解釋方法的輪廓。

在廣泛討論智能的本質的最後，我們常常會聽到評論家期待一個心智界的牛頓到來。我們希望用不同的方式結尾。如同前面的評論所暗示的，也如同接下來本書所表現出來的，我們很有理由相信眾所期待的牛頓已經來了，但很不幸地也已經走了。他的名字就是馮紐曼。

序

克拉拉・馮紐曼

　　能夠在美國最古老最傑出的學術講座系列之一的西利曼講座發表，世界各地的學者都認為是榮幸也是榮耀。慣例上會邀請講者在約兩週的期間內發表一系列的演講，然後再將演講稿修整成書，透過西利曼講座的基地與總部耶魯大學贊助出版。

　　在一九五五年初，耶魯大學邀請我的丈夫約翰・馮紐曼於一九五六年春季，大約三月下旬或四月初在西利曼講座演講。約翰深深地感到榮幸也很感激能夠收到邀請，儘管他必須設定將演講縮限在一週內的條件才答應邀請。相關的講稿則會較完整地涵蓋他選的題目：電腦與人腦。他對這個題目的興趣已經持續很

久了。之所以會要求縮短講座期間是不得已的，因為
他剛接受艾森豪總統指派成為原子能委員會的委員之
一。這個全職的工作並不允許他離開位於華盛頓的座
位太久，即便他是個科學家。但我丈夫知道他可以找
到時間寫演講稿，因為他總是在晚上或黎明時在家寫
作。他的工作能量幾乎是無限的，尤其是當他感到興
趣的時候。而自動機許多尚未挖掘的可能性的確引起
他很大的興趣。也因此，即便講座期間必須縮短，他
有自信能準備一本完整的演講稿。不管在初期或是在
後來只剩悲傷、憂愁與需要幫助的時候總是不吝給予
幫助與理解的耶魯大學接受了這個安排。於是約翰開
始了他在原子能委員會的工作。而能夠繼續研究他的
自動機理論，即便不能在表面上做，也為他帶來了額
外的動力。

　　在一九五五年的春天，我們從普林斯頓搬到了華
盛頓，而約翰則從他普林斯頓高等研究院的崗位請了

長假。他自一九三三年起就在該院的數學學院擔任教授一職。

約翰在一九〇三年出生於匈牙利布達佩斯。即便在他年少時也展現出出色的能力與對科學事物的興趣。在孩童時期，他那幾乎過目不忘的記憶力以許多不尋常的方式表露出來。到了上大學的年紀，他在柏林大學、蘇黎世理工學院及布達佩斯大學先後修了化學與數學。一九二七年他被柏林大學任用為兼任教授（Privatdozent）。他可能是近幾十年在任何德國大學中被任用於此職位最年輕的一位。之後約翰在漢堡大學任教，並在一九三〇年受邀第一次橫跨大西洋至普林斯頓大學當一年的客座講師。在一九三一年他成為了普林斯頓大學教職員的一員，因而將美國當作他永久的家並成為了新大陸的公民。在一九二〇及一九三〇年代，約翰的科學興趣範圍廣泛，大都在理論的領域。他的論文涵蓋量子論、數學邏輯、遍歷理

論、連續幾何、算子環（rings of operators）的相關問題及許多其他純數學領域在內的研究。之後，在一九三〇年代後期，他開始對理論流體動力學中的問題感到興趣，尤其是在利用已知分析法求解偏微分方程式時碰到的困難。在這領域的努力在戰爭陰霾籠罩全世界的時候把他帶進了科學國防，並且讓他對數學與物理的應用感到愈來愈大的興趣。震波之間的互動，一個非常複雜的流體動力學問題，變成了一個很重要的國防研究領域。而找出某些答案所需要的大量計算驅使約翰找了高速運算機器來應對。在費城美國陸軍軍械部隊彈道研究實驗室所建造的電子數值積分計算機（ENIAC）是約翰第一次見識到自動機所帶來可以解開許多未解的難題的廣大可能性。他協助修改了ENIAC 的一些數學邏輯設計。而從那時開始直到他意識失去前，他都對自動機快速成長的應用尚未開發的面向與可能性維持著興趣。在一九四三年，在曼哈

頓計畫開始沒多久，約翰成為了「消失在西方」的科學家一員，並持續在華盛頓、洛斯阿拉莫斯及其他多地之間奔走。就在這個時期他開始深信在高速電子計算裝置上進行數值計算能夠加速解開許多尚未解決的科學難題，也試圖說服其他領域的人員這件事。

　　戰爭之後，約翰與一小群挑選出來的工程師與數學家在普林斯頓高等研究院建造了一台實驗電子計算機，俗稱 joniac。該機器後來成為了全國類似機器的原型機。在 joniac 上開發的一些基本原理即便到今天仍應用在最快最現代的計算機中。為了設計這台機器，約翰與他的同事試圖模仿大腦中一些已知的運算方式。就是這件事讓他開始研究神經學、去找神經學與精神病學領域的人、參加這些領域的會議以及最終對這群人發表有關在人造機器中運用極度簡化的仿大腦模型的可能性。在西利曼講座中，他進一步發展並延伸了這些想法。

在戰後的幾年，約翰將他的工作分配在幾個不同領域的科學問題。其中他對氣象學開始感到特別有興趣。在天氣學中，數值計算看來可拓出全新的領域。他也將一部分的時間花在計算核子物理中不斷增加的問題上。他與原子能委員會的實驗室持續緊密的工作關係，並在一九五二年加入了原子能委員會的一般諮詢委員會（General Advisory Committee）。

在一九五五年三月十五日，約翰宣誓就職於原子能委員會。而在五月初我們舉家搬至華盛頓。三個月後，在八月，我們圍繞在我先生驚人且不懈頭腦的活躍且令人興奮的生活戛然而止。約翰開始在他的左肩感到劇烈地疼痛，在手術後被診斷出骨癌。接下來的幾個月在希望與絕望之間不停來回。有時我們很確信肩膀的病痛只是重大疾病的偶發事件，久久不會復發。但有時他所感受到說不出的痛楚又摧毀了我們未來的希望。在這段期間約翰瘋狂地工作，白天在他的

辦公室或者依工作需求時常外出，晚上則專注在科學論文以及一些他原本預計在原能會任期結束後才做的事情。他在這個時候開始有系統地撰寫西利曼講座的講稿。本書大部分的文字都是在這些不確定與等待的日子中寫的。十一月下旬，又一次的打擊。他的脊椎上發現了許多病變，連走路也開始變得非常困難。從那時開始，一切都變得愈來愈糟，雖然我們仍保有一絲絲希望，相信治療與照護能夠至少阻擋致命的病魔一段時間。

到了一九五六年一月，約翰已經離不開輪椅了。儘管如此他還是會參加會議，並且會被推到他的辦公室繼續撰寫講座的講稿。很明顯地他的力氣一天一天地減弱。所有的行程與演講一個一個取消，除了一個例外：西利曼講座。我們還是有一點期望接受 X 光治療後他的脊椎能夠至少暫時擁有足夠的力氣在讓他能在三月下旬到紐哈芬履行這對他來說意義重大的責

任。儘管如此，也還是請了西利曼講座委員會將講座進一步縮減到一次或最多兩次，因為一整週演講的辛勞對他當時虛弱的狀態可能會產生危險。但到了三月，所有的不真實的奢望都消失了，而約翰也毫無疑問地不可能再去到任何地方。耶魯大學如往常般給予幫助與理解，他們沒有取消講座，並建議若能將講稿送達，他們可以找其他人代替他讀稿。儘管他努力過了，約翰來不及在期限前完成他的講稿。事實上，不幸的命運讓他永遠沒辦法寫完了。

四月上旬約翰被送到沃爾特里德醫院，並一直到一九五七年二月八日他過世的那天都再也沒有離開醫院。西利曼講座未完成的講稿隨著他到了醫院。他在那裡多次嘗試要完成它，然而在那個時候病魔已經取得了上風，就算是約翰優秀的心智也無法克服身體的疲倦。

請允許我對西利曼講座委員會、耶魯大學與耶魯

大學出版社獻上我深深的感謝。他們在約翰最後悲哀
的幾年協助我們、體貼我們，現在也透過納入他未完
成且片段的講稿至西利曼講座系列出版物緬懷他。

　　　　　於一九五七年九月寫於華盛頓特區

電腦與人腦

現代電腦架構之父馮紐曼的腦科學講義

引言

　　由於我既不是神經學家也不是精神病學家而是個數學家，因此需要賦予接下來的文字一些解釋與正當性。這是一個從數學家的觀點了解神經系統的方式。但這句話的兩個重要部分都需要立即解釋。

　　首先，在這邊以「了解神經系統的方法」來描述我想達成的事有點誇大其詞了。這只是有點系統性的推測該方法應該怎麼做。換句話說，我要試著從這個遠到看不清楚的距離猜測要走哪一個數學導向的路徑看來很有潛力，而哪些看起來相反。我也會對這些猜測提供一些理由。

　　再者，「數學家的觀點」在這脈絡下我希望強調

的是與往常不同的面向。除了強調一般數學技巧以外，將會偏重邏輯與統計學的觀念。再者，邏輯與統計應被視為資訊理論的主要（但非唯二）的基本工具。另外這邊的資訊理論將專注在策畫、評估以及撰寫複雜的邏輯與數學自動機程式的整體體驗。最普遍但並非唯一的相關自動機當然就是大型電子計算機了。

我想要順便提一下，若能夠談論這種自動機的「理論」該有多好。可惜的是在此時所存在的只能被稱為不完美的敘述且非正式的「體驗」。

最後，我主要的目的其實是要帶出有關此題目一個很不同的面向。我認為透過數學深入研究神經系統會影響我們對這裡用到的數學本身的理解。而這邊「數學」是如前面所定義的。事實上，它可能改變我們如何去定義數學與邏輯本身。我會在之後解釋我如此相信的理由。

第一部

電腦

在一開始我要解釋計算機系統背後的原理與其方法。

現有的計算機可分為兩大類：「類比」與「數位」。計算機的工作是處理數字，而這種分類方式就是依照數字表示法的不同來決定的。

類比程序

在類比機器中，每一個數字是用一個適當的物理

量來表示。該物理量的值以某個預先決定的單位計算時會與該數字相等。這個量可能是某碟子的旋轉角度或某電流的強度或某（相對）電壓等。為了讓機器能夠處理計算，或者說對數字執行特定動作，必須提供能夠對這些表示值執行基本數學運算的部位。

傳統的基本運算

加法（$x + y$）、減法（$x - y$）、乘法（xy）、除法（x / y），這些基本運算通常被認為是「算術的四大基礎」。

電流的加法與減法很明顯的並不困難（將其平行或反向平行並流）。兩個電流的乘法就比較困難，不過還是有各種電子零件可以執行該運算。兩個電流的除法則與乘法情況相同（當然，對乘法與除法來說，計算單位很重要，但對加法與減法來說並沒有影響）。

特殊的基本運算

在後續會深入討論的一些類比機器有個滿驚人的特性：這些機器的基礎是建立在以上述四大基礎之外的基本運算。例如利用圓盤旋轉的角度來表示數字的傳統微分分析器是以下述的方式建構：用 $(x \pm y) / 2$ 取代加法（$x + y$）與減法（$x - y$），因為如此一來可以透過一簡單又隨手可得的差動齒輪（與車輛後輪軸使用的元件相同）實現此運算。不使用乘法（xy），而是使用一個完全不同的程序取代。在微分分析器中，所有的數值都可視為時間的函數。微分分析器利用的是一個叫做「積分器」的部位，該部位取兩個量 $x(t)$ 與 $y(t)$ 並產出一斯蒂爾傑斯（Stieltjes）積分 $z(t) \equiv \int^t x(t) \, dy(t)$。

這麼做有三個用意：

第一，上述三種運算在適當的組合下可產出四種一般基本運算中的其中三種，即加法、減法與乘法。

　　第二，結合一些回饋的技巧，上述三種運算也可以產出第四種運算，除法。我不會在這邊探討該回饋原理，除了提到它雖然看起來像是一個求解隱式關係的工具，實際上卻是個特別優美而直接的迭代與逐次逼近策略。

　　第三，而這是用微分分析器的真正原因：它的基本運算 (x ± y) / 2 與積分在許多種類的問題上都比算術的四大基礎更為有效率。更精準地講，任何需要解決複雜數學問題的計算機都必須要編寫特定的程式才能解決問題。這代表解決問題所需要的複雜運算必須用該機器的基本運算的組合取代。而這往往代表一件並不容易發現的事：利用上述組合來以任意精準度趨近複雜運算。對任何種類的問題來說某種基本運算的集合有可能會比其他基本運算的集合更有效率，也就是可以用較簡短的組合達到相同目的。因此，尤其是針對全微分方程組這種微分分析器主要用來解的問

題，上述機器的基本運算比之前所提的算術四大基礎（$x+y, x-y, xy, x/y$）還要來得有效率。

　　接下來談談數位機器。

數位程序

　　在十進位的數位機器中，每個數字的的表現方式都與平常書寫或印刷一樣，就是用一串十進位的數字表示。而每個十進位數字則是用一種標記系統來表示。

標記，其組合與實現範例

　　一套有十種不同形狀的標記就足以表示十進位數字。而一套只有兩種形狀的標記要表示全部的十進位數字僅須讓每個數字都能用一組標記表示（三個一組的二值標記能有八種組合，這不夠用。同樣的標記以

四個為一組時能產生十六種組合就足夠了。因此，每個十進位數字要以一組至少四個標記來表示。有時候也會使用更大的組來表示，原因後述）。舉例來說，一個十值標記可以是在十條預先決定的電線中的其中一條上的電脈衝。而一個二值標記可以用一條電線上的電脈衝來決定，利用其存在與不存在傳遞訊息，也就是標記的值。而另外一種二值標記是利用有正負值的電脈衝。而當然，也有許多其他一樣可行的標記設計存在。

　　這邊再舉一個關於標記的觀察：上述例子中的十值標記很明顯的是一組十個二值標記所組成，也就是就上述的說法來看很多餘。同樣的架構下，也能用四個二值標記組成所謂的最小組。試想一個擁有四條專用線的系統，在同一時間在四條線上可能出現任意組合的電脈衝。這樣共有十六種組合，可規範其中任何十種組合用來對應十進位數字。

　　通常這些標記是利用電脈衝（只要能夠正確傳遞訊息也有可能使用電壓或電流），因此必須要用電閘控制。

數位機器種類與其基本元件

　　科技發展至今已經相繼順利運用了機電繼電器、真空管、晶體二極體、鐵心、電晶體等。有些與其他元件一起使用、有些是在記憶部位中使用（參考下文）、更有些是在記憶體以外的地方（如主動部位）使用。這樣的應用下發展出了眾多不同的數位機器。

平行與序列設計

　　在機器中，一個數字是用一串十值標記（或標記組）表現。這些標記可以同時出現在機器內不同的部位中，也就是平行表示，或者先後在機器內的同一個部位表示，也就是序列表示。舉例來說，如果該機器

是建造來處理十二位數的十進位數字，例如小數點左邊六位與小數點右邊六位，就代表機器內每個資訊頻道需要有十二個上述標記（或標記組）來傳遞數字（這個做法可以用很多方式增加不同程度的彈性，並也在不同的機器中實現過了。也因為如此，在幾乎所有機器中，小數點的位置是可調整的。不過在這裡我不會再進一步探討）。

傳統的基本運算

到目前為止，數位機器的運算都還是以算術的四大基礎為根據。有關目前使用中且廣為人知的程序，我有下述的話要說：

首先，有關加法：相較於在類比機器中利用物理程序來執行（請參照前文），在數位機器中此運算是由嚴謹、邏輯性的規則主導。從如何產出數位總和、到如何進位、如何重複與結合這些流程都是如此。數

位總和的邏輯性在使用二進位系統的時候又比十進位系統時更加明顯。確實，二進位加法表（0 + 0 = 00，0 + 1 = 1 + 0 = 01, 1 + 1 = 10）可以這樣描述：如果兩個加數不同則總和為 1，否則為 0；如果兩個加數都是 1 則進位為 1，否則為 0。由於可能會有進位的存在，二進位加法表其實需要有三項（0 + 0 + 0 = 00，0 + 0 + 1 = 0 + 1 + 0 = 1 + 0 + 0 = 01, 0 + 1 + 1 = 1 + 0 + 1 = 1 + 1 + 0 = 10, 1 + 1 + 1 = 11）。上述加法表代表著：如果加數與進位中的 1 數量為奇數，則總和為 1，否則為 0；若加數中的 1 占大多數（兩個或三個），則進位為 1，否則為 0。

第二，有關減法：這個運算的邏輯結構與加法非常類似。透過將減數轉換成其「補數」，減法甚至可以並經常被簡化成加法。

第三，關於乘法：比起加法，乘法主要的邏輯特性更顯而易懂而結構更複雜。先計算被乘數與乘數中

的每一位數的乘績（通常針對所有可能出現的十進位數字，可利用各種加法計算），再將其適度位移後加總。二進制的邏輯特性則更簡單明瞭。由於只有 0 和 1 兩種可能數字，當乘數等於 0 時，省略數位乘積；而當乘數等於 1 時，乘績等同於被乘數。

上述適用於計算正因數的乘積。當因數有可能是正的或負的，可添增邏輯規則因應四種可能出現的情況。

第四，有關除法：其邏輯結構與乘法相當，但需要各種迭代試誤的減法介入，並針對不同可能發生的狀況訂定特定的邏輯規則以產出商數的數字。這些必須要用一個連續、重複的程序處理。

總結來說，這四個運算法與類比系統所用的物理程序完全不同。它們都是一連串重複性排列的特殊動作，並受到嚴謹的邏輯規則所規範。這些規則有非常複雜的邏輯特性，尤其是在乘法與除法中（我們可能

會被我們對這些運算長久以來近乎直覺的熟悉度所蒙蔽，但如果強迫自己用文字完整描述，這些運算的複雜度就顯而易見了）。

邏輯控制

除了能夠單獨執行基本運算以外，一台計算機必須能夠遵循一個能夠產出數學問題解答的順序或邏輯執行運算，而解答才是計算的目的。在以微分分析器為代表的傳統類比機器中，運算的排序就是如此決定的。機器中部位的數量必須已足夠滿足欲計算的題目所需的數量，也就是有足夠的「差動齒輪」與「積分器」（分別對應 $(x \pm y) / 2$ 與 $\int' x(t)\, dy(t)$，參考上文）。這些輸入與輸出的圓盤（或應說圓盤的軸）則必須互相連接才能重現所需的計算（早期的機型是利用齒輪，而後期則是利用電子從動設計，或所謂的自動同

步機）。我想要強調這種連接模式是可以隨意設定的，這就是求解問題的過程，也就是將使用者的意圖烙印到機器上。這個設定的過程在早期（如上述利用齒輪連結）的機器是透過機械的方式，而在後期（如上述電子連結式）的機器則是透過插線。而上述所有種類的機器在解任何單一問題的過程中都不可更動設定。

插線控制

還有一種更進階的技巧應用在一些最後期的類比機器中。這些機器的連結是透過電子「插線」實現。這些插線連結其實是利用機電式繼電器控制，也因此可以透過電訊號觸發磁鐵開關繼電器來更改連結。這些電訊號可以透過打孔紙帶控制，並可以透過在計算過程中適當的時機發出的電訊號啟動或停止讀取紙帶。

邏輯紙帶控制

　　所謂適當的時機就是指機器中某些數值部位滿足了某些預設的條件，例如某數字變成負的或者某數字變得比另一數字小等等。注意如果數字是用電壓或電流定義的，則其正負可由整流器的組合感應；旋轉圓盤的正負則是由經過零點的時候方向為向左或向右決定；數字是否變得比另一數字小則是由兩個數字的差是否轉成負的決定等等。就這樣，邏輯紙帶控制，或應稱「計算狀態結合紙帶控制」，被套用在基本的固定連結控制上。

　　數位機器則從一開始就用了不同的控制系統。但在討論這些之前，我想先針對數位機器和其與類比機器的關係做一些整體上的評論。

一基本運算只對應一部位原則

　　在一開始我必須強調在所有數位機器中每一種基

本運算的對應部位只有一個。反觀類比機器必須因應
待解問題，每種基本運算都備有足夠的部位（參考上
述）。應提到的是，這件事有其歷史淵源而非本質上
的需求。（如上述電連結的）類比機器要能夠建立，
理論上只要每種基本運算都有一個部位加上下述任何
數位邏輯控制就能達成（的確，讀者可以輕易地自行
確認，上述「最新型」的類比機器控制正代表了朝此
運作模式的轉變）。

　　而應進一步注意的是，有些數位機器不會遵循這
種「一種基本運算只有一個對應部位」的原則。不過
這些情況都可以透過重新調整將其帶回到上述正統的
模式（有時候只須利用雙工或多工器加上適當的內部
通訊方法即可達成）。在這邊就不再細談了。

因應需求的特殊記憶部位

　　然而這個「一種基本運算只有一個對應部位」的

原則會產生一個需求：大量能夠儲存數字的被動部位，而這些數字來自各種部分結果與中間計算。也就是說，該記憶部位必須要能儲存一個來自當時連結中的另一部位所給數字，並在過程中將之前可能儲存的數字移除。記憶部位並且需要在被「詢問」時「複述」所儲存的數字：將其發送給當下（一個不同的時間點）連結中的另一部位。該部位稱為「記憶暫存器」，其總和稱為「記憶體」，而記憶體中暫存器的數量稱為該記憶體的「容量」。

現在可以接著討論數位機器的主要控制模式。此討論最好是透過描述兩種基本類型並加入一些能結合他們的簡單原則來進行。

順序控制點機制

第一個廣為人用的基本控制方法在理想狀態下可簡化如下：

　　一台機器內含幾個稱為「順序控制點」的邏輯控制部位，其功能如下（這些順序控制點的數量有時很可觀，在一些較新的機器中可達數百個）。

　　在系統最簡易的使用模式中，每一個順序控制點都連結到三個部位：其驅動的基本運算部位、提供數值輸入給該運算的記憶暫存器以及接收輸出的部位。在一段固定（足夠執行運算的）延遲後，或在收到「已執行」的信號後（若此運算所需時間不定且其最大值為無窮大或難以忍受的長。而這個程序當然需要連接到上述基本運算部位才能達成），順序控制點此時會驅動下一個順序控制點，也就是其「後繼者」。同樣地，該「後繼者」也是基於其本身的連結運作。在無條件式也無重複的計算程序中不會有進一步的處理。

　　如要建立更複雜的模式，可以加入一些稱為「分支點」的順序控制點。這些「分支點」連接到兩個

「後繼者」並且可以處於兩種不同的狀態，例如 A 與 B。A 狀態可以使程序經由第一個「後繼者」走下去，在 B 狀態則是經由第二個「後繼者」。順序控制點通常處於 A 狀態，並與兩個記憶暫存器連結，而有些事件會分別讓它從 A 狀態變成 B 狀態或者 B 狀態變成 A 狀態，例如第一個事件中出現負號會使其從 A 狀態變成 B 狀態，而在第二個事件中出現負號則會使其從 B 狀態變成 A 狀態〔註：一個記憶暫存器除了暫存數值中的個別數字（參考上述），也通常會儲存該數字的正負號，其利用一個二值標記就足以表示〕。如此一來可能性就多了：這兩個「後繼者」可以代表兩個完全分開的計算分支，而要走哪個分支則是透過設定適當的數值條件決定（管制 A 到 B，而 B 到 A 是在開始新計算時還原成原來的狀態）。這兩個分支可能在之後一個共同的後繼點再合併。而另一個可能性則是兩個分支的其中之一，例如由 A 狀態控制的分支，繞回

原分歧處的順序控制點。在這邊看到的是一個重複的程序，其反覆執行直到滿足某數值條件（從 A 狀態轉換成 B 狀態的條件，參考上述）。顯而易見地，這就是基本的迭代過程。這些技巧可以結合也可以疊加等等。

在這種情況下，就如上述類比機器的插線控制，這些（電子）連結的總和成了待解問題的構造，或可說待解問題的描述，也就是使用者的意圖。因此這也算是插線控制的一種。如前述的情況，這個插線模式可以隨著問題更改，但至少在最簡單的設計中，插線模式在處理單一問題時是固定的。

這個方法可以透過許多方法改進。每一個順序控制點可連接到數個部位，啟動一個以上的運算。插線連結實際上可能如前述類比機器的例子中是透過機電繼電器控制，而這些如上述可透過紙帶設定。紙帶的動作又可透過計算中的事件所產生的電子信號控制。

在這邊就不再進一步描述此模式可能有的各種變化。

記憶體控制

　　而第二個基本控制方法已經進展到幾乎能取代第一種方法了，其（簡化過）的敘述如下：

　　正式來說，這個方法與上述的插線控制方法有些相似。不過順序控制點在此是被「命令」所取代。命令在此方法大多數的實作上是用（參考上述，與該機器相容的）數字表示。因此在一台十進位的機器中，命令是一串十進位數字（前述的例子中為十二個十進位數字，可含或不含正負號等等。參考前文。有時在此標準數空間中可含一個以上的命令，不過在此沒必要進一步探討）。

　　一個命令必須要指示要執行哪一種基本運算、輸入要從哪些記憶暫存器來以及輸出要傳到哪個記憶暫存器。注意這必須預先假設所有的記憶暫存器照順序

編號，而此記憶暫存器編號稱為「位址」。基本運算也可以編號。因此一個命令就是一串含上述運算的編號與記憶暫存器位址並有固定順序的十進位數字。

而這種系統也有一些不同的做法，不過在這邊並不是特別重要：一個命令可如上述控制一種以上的運算；它也可以指定在執行時將命令中的位址做特定的更改（最常見也是最重要的位址修改就是將所有相關位址加上一特定記憶暫存器中的值）。這些功能也能透過特殊命令控制。一個命令也可能只會執行上述動作的任何一部分。

而每一個命令有一個更重要的步驟：如前例中的順序控制點，不管有分支點與否（參考上文）每一個命令必須決定其後繼者。如我在上文所點出的，一個命令通常實際上就是一個數字。因此在此命令所參與的問題解決過程中，最理所當然的儲存方法就是在記憶暫存器中。也就是說每一個命令都儲存在記憶體的

一個特定記憶暫存器中，或可說是儲存於一個特定的位址。這在命令後繼者的處理上開啟了許多可能的方法。因此，除非另有相反指示，一個位於 X 位址的命令其後繼者就是位於 $X+1$ 的命令。所謂的「相反」就是「移轉」，一個指定後繼者為特定位址 Y 的特別命令。另外，每一個命令也可內含「移轉」條款，也就是它能夠明確指定其後繼者的位址。「分支」通常最適合以「有條件的移轉」處理。這個意思是後繼者的位址是 X 或 Y 是由某數值條件是否成立而決定，例如處於位址 Z 的數字是否為負數。該命令則必須包含此種命令的特徵編碼（與上文所提到的基本運算編碼有類似的功能並占同一位置），以及 X、Y、Z 三個位址，以一串十進位數字呈現（參考上文）。

　　注意這種控制模式與前述的插線控制有重要的差異：在後者中順序控制點為實際存在的物體，其插線連結形成問題的描述。而在此命令則為理想的實體，

存在於記憶體中，因此問題的描述是由這區段的記憶體所形成。因此，我們稱此控制模式為記憶體控制。

記憶體控制的運作模式

在這邊，由於執行所有控制的命令存在於記憶體中，因此相較於過去任何控制模式可以實現更高的彈性。的確，在命令控制下的機器可以從記憶體中取得數字（或命令），（將其當作數字）處理它，再將其存回記憶體中（相同或不同的位址）。換句話說，機器可以改變記憶體的內容。而這就是它的正常運作模式。因此，它能夠更改命令（因為命令存在於記憶體中），那些能夠控制其行為的命令。於是各式各樣精密複雜的命令組都可能實現，命令組接連著改變命令組本身，也更改同樣受到其控制的計算程序。如此一來，比迭代更複雜的程序都可以實現了。雖然這一切聽起來複雜又難以置信，但這些方法很普遍並在最近

的機器計算（或應說計算規劃）的實作上占有重要的
地位。

　　當然，命令組（也就是待解問題或使用者的意
圖）是透過「載入」到記憶體中傳達給機器。這通常
是透過一個預先準備好的紙帶或者其他類似的載體實
現。

混合控制

　　上述插線與記憶體這兩種控制模式可以各種方式
組合，而關於這點，有些事情要提。

　　試想一個插線控制機器。假設其擁有如上述記憶
體控制的機器一樣的記憶體。我們可以透過（適當長
度的）一串數字完整描述其插線連結的狀態。這串數
字可以存在記憶體中並可能占據數個編號，也就是數
個連續的記憶暫存器。換句話說它可以存在於數個連
續的位址，而第一個位址可定義為整串數字的位址。

而記憶體中可能載有數串類似的數字，代表數個不同的插線設定。

此外，此機器也可擁有一個完整的記憶體控制模式。除了在此系統中本來就存在的命令（參考上文），該機器也應有下述幾種命令。第一種：一個能夠將插線設定依照特定記憶體位址中儲存的數字程序重置的命令（參考上文）。第二：一組能更改插線連結中某特定項目的命令。〔注意前述兩項代表插線連結必須以可電控的裝置實現，即機電繼電器（參考前述）、真空管、鐵心等等〕。第三：一個可以將機器的控制權從記憶體控制模式交給插線控制模式的命令。

而想當然爾，這也代表該插線控制模式能夠指定記憶體控制模式（可能位於一特定位址）為一順序控制點的後繼者（或在有分支的情況下，為其後繼者之一）。

混合數值程序

以上觀察應足以描繪這些控制模式與其組合本質上的彈性。

另外應提到一種混合數位與類比工作原理的機器類型。更精準地說，該類型的機器有部分為類比，部分為數位，兩者能互相通訊以傳輸數值，並受到同系統控制。在另一種做法中，兩部分受個別系統控制，而這兩個控制系統必須互相通訊以傳輸邏輯資訊。這種做法當然需要能夠將數位數字轉換成類比數字（及反之亦然）的部位。

前者需要從數位表現方式建立起一連續值，而後者則需要量測連續值並將其結果以數位方式呈現。有各種廣為人知的元件可以執行這兩種任務，包含快速的電元件。

數字的混合表示法及以此為建立基礎的機器

在另一重要的混合機器類別中，機器計算程序
（但不包含邏輯程序）中的每一部都結合了類比及數
位的工作原理。最簡單的例子就是當數字的表示方式
為類比與數位的混合。我要描述其中一種模式，雖然
不曾有大型機器以該模式為基礎建立，但有時會運用
在元件與機器的建造與設計以及某些通訊方式中。

在我稱之為脈衝密度的這種系統中，每一個數字
都是透過一串在同一條線上的接續而來的電子脈衝表
示。如此一來這串序列的長度並不重要，而是利用
（時間上的）平均密度來表示數字。當然這需要指定
兩個時間區間，t_1 與 t_2（其中 t_2 遠大於 t_1），利用這
兩個時間之間的區段計算上述的平均值。上述數字的
單位要如何與上述密度換算必須明確定義。有時讓上
述密度換算成適當（並固定）的單調函數而不是換算
成數字本身也很實用，例如對數函數〔後者的用意是

為了在需要時（數字較小的時候）可以得到更好的解析度，而在可接受的時候（數字較大的時候）降低解析度，且該轉換是連續且不間斷的〕。

我們可以設計出能夠將算術的四大基礎執行在這些數字上的部位。於是當密度代表數字的時候，可以結合兩串序列來執行加法。其他的運算稍微有點複雜，但還是有簡單且堪用的程序可用。在這裡我不會討論需要負數的時候該怎麼表示，這也是可以很輕易地利用適當的技巧實現的。

為了達到足夠的精度，每串序列必須在上述 t_1 區間中產生許多脈衝。假如在計算的過程中需要改變數字，只要此程序的速度相對於上述 t_2 時間區間較慢，即可照此需求改變序列的密度。

對這種機器來說，偵測數值條件（例如做邏輯控制時，參考上文）可能有點困難。

不過有各種不同的方法可以將此種數字（也就是

脈衝的時間密度）轉換成類比值（舉例來說，當利用
固定電荷量的脈衝對漏電電容透過特定電阻充電時，
在脈衝密度固定下，該電容的電壓與漏電流都相當穩
定，而電壓與漏電流都是可用的類比值）。這些類比
值則能用來做邏輯控制，如前文所討論的。

在描述過計算機的一般工作原理與控制後，我接
著要討論其實際應用與支配該應用的原則。

精度

首先讓我比較類比機器與數位機器的運用。

類比機器最大的限制來自於其精度。的確，電類
比機器的精度很少超過 $1:10^2$，而就算是機械的（如
微分分析器）最高也只有 $1:10^4$ 到 10^5。相較之下，
數位機器可實現任意精度。舉例來說，前文所描述的
十進位十二位數的機器想當然爾代表的是 $1:10^{12}$ 的精

度（至於為什麼是十二位數會在後文討論。這在現代數位機器中是很常見的精度）。值得注意的是，在數位設計中要提升精度比類比設計簡單多了：要將微分分析器精度從 $1:10^3$ 提升到 $1:10^4$ 還算容易；從 $1:10^4$ 提升到 $1:10^5$ 大概是現今科技的極限；從 $1:10^5$ 提升到 $1:10^6$ 則是（以現有方法來說）不可能的。相較之下，在數位機器中將精度從 $1:10^{12}$ 提升到 $1:10^{13}$ 僅須在十二位數上再加一位。通常這代表在（並非所有地方的）器材上相對應地增加 $1/12 = 8.3$％，以及損失（並非所有地方的）相對應的速度，兩者都不嚴重。脈衝密度系統有如類比系統；事實上脈衝密度系統更糟：其精度本質上就很低。的確，要達成 $1:10^2$ 的精度通常代表有 10^2 個脈衝在 t_1 時間內（參考上文）。也就是說，光是這點就會讓機器的速度將低了一百倍。這種程度的速度損失不大能讓人接受，而更大的損失通常被認為高到無法使用。

需要高精度的理由

不過在這裡發現的另一個問題是：為什麼會有如此極端（如數位機器的 $1:10^{12}$）的精度需求？為什麼一般類比精度（約 $1:10^6$）或甚至脈衝密度系統的精度（約 $1:10^2$）不夠用呢？在絕大多數的應用數學與工程問題中，數據的精度不會超過 $1:10^3$ 或 $1:10^4$，甚至常常不會超過 $1:10^2$，且更高精度的答案既非必要又沒意義。在化學、生物、經濟或其他實務應用上，通常更不要求精度。即便如此，在現代高速電腦應用中，經驗告訴我們在多數重要的問題上，即便是 $1:10^5$ 的精度還是不夠，而擁有 $1:10^{10}$ 或 $1:10^{12}$ 精度的數位機器在實務上有其必要。造成這個令人意外的現象的理由很有趣也很重要。這跟我們目前的數學與數值程序的根本結構有關。

這些程序的特色是當它們被分解成其構成要素來看時，會非常地冗長。所有需要快速的計算機器才能

解的問題，或者說複雜度中等的問題，都有這樣的特色。其背後的理由是我們目前的計算方法都需要將所有的數學函數分解成基本運算的組合，通常用的是算術的四大基礎或其他差不多的運算組合。事實上，大部分的函數利用這方法只能趨近其功能。這也代表大部分的時候都需要用到一串很冗長、有可能用迭代的方式定義的基本運算（參考上文）。換句話說，這些必要運算的算術深度通常很深。值得注意的是，邏輯深度還會更深許多，也就是說當算術的四大基礎被分解成其背後的邏輯步驟時（參考上文），每一個都是一長串邏輯運算。但這邊我只須考慮算術深度。

當執行大量算術運算時，每一次運算的誤差都會疊加。由於誤差大致上（而非全部）都是隨機的，這代表有 N 個運算時誤差不會增加到 N 倍，而是約 $\sqrt{N}$ 倍。而單獨這件事情通常不足以讓單一步驟擁有 $1:10^{12}$ 精度的程序必定產出 $1:10^{3}$ 的結果（參

考上文）。上述要成真的話，代表 $1/10^{12}\sqrt{N} \approx 1/10^3$、$N \approx 10^{16}$。而即便在最快的現代機器中，N 極少大於 10^{10}（一台每 20 微秒能執行一個算術運算並連續 48 小時在解單一問題的機器是個很極端的例子，但即使這樣 N 也只大約等於 10^{10}）！但是接著另一種狀況會發生。計算過程中的運算可能會將先前的運算所帶來的誤差放大。這能很快的追上任何數值上的差距。上面所用的比率是 10^9（$1:10^3$ 比 $1:10^{12}$），而這只需要接連 執行 425 次 5% 誤差的運算就能達到這樣的結果。我在這邊不會嘗試任何詳細且實際的估算，尤其是因為計算的藝術有不小的部分就是這些減緩此現象的措施。無論如何，大量過去的經驗最後得到的結論就是在遇到相對複雜的問題時上述的高精度會用到是有其道理的。

在我們結束計算機的討論之前，我想要針對其速度、大小等提出一些觀點。

現代類比機器的特性

在現有最大的類比機器中，基本運算部位的數量是一兩百量級。這些部位的類型當然要會依所使用的類比程序而不同。近來種類通常都是電力式或者至少機電式（機械階段用於提昇精度，參考上文）。當使用複雜的邏輯控制時（參考上文），就像所有此類型的邏輯控制一樣需要加上某種標準數位活動部位到數位系統中，例如機電繼電器或真空管（後者在這邊並不會操作在極端的速度）。這些部位的數量可高達數千個。而這樣子的機器在最極端的狀態下需要約一百萬美元的投資。

現代數位機器的特性

大型數位機器的配置比較複雜。它們是由「主

動」部位與執行「記憶」功能的部位組成。而雖然一般來說不會這樣做，我將「輸入」與「輸出」部位也算到後者中。

　　主動部位就是以下幾種。首先是執行基本邏輯動作的部位：偵測相等性、結合輸入，也許偵測不相等性（除此之外並非必要。不過有時會用到能執行更複雜的邏輯運算的部位）。再來是需要能將脈衝再生的部位：將其逐漸耗損的能量復原，或單純將機器某部分所使用的能量水平拉到另一部分所使用的（更高）能量水平（這兩種功能稱為放大）。這能將脈衝形狀與時機（在特定容許範圍內）復原（至某標準）。注意前述的邏輯運算就是建構算術運算的基礎（參考上文）。

主動元件與速度問題

　　上述所有的功能在歷史上相繼由機電繼電器、真

空管、晶體二極體、鐵心、電晶體（參考上文）等或由以上組成的小型電路執行。繼電器的速度可以達到每 10^{-2} 秒執行一個邏輯動作，真空管進步至 10^{-5} 到 10^{-6} 秒（在極端的情況下甚至可以到後者的一半或四分之一）。最後一組統稱為固態元件，可達 10^{-6} 秒等級（在某些情況下是此數字的數倍），並最終很可能達到每 10^{-7} 秒執行一個基本邏輯動作，甚至更快。其他我在此不會討論的元件甚至有可能帶我們到更快的境界。我預計不到十年我們就可達到 10^{-8} 至 10^{-9} 秒等級。

主動元件的數量需求

現代大型機器中的主動部位數量不定，依類型可有約三千至約三萬個。在這之中，基本（算術）運算通常由一個次組合（或應稱一組大致上結合在一起的多個次組合），也就是算術部位。在大型的現代機器

中，這種部位依種類不同可由三百至兩千個主動部位所組成。

在後面會看到，某些主動部位的集合被用來執行一些記憶功能。這些集合通常是由兩百至兩千個主動部位所組成。

最後，（正確的）記憶體集合（參考下文）需要輔助性的主動部位次組合來實現與執行。在不由主動部位所組成的最快的記憶體群中（參考下文。在下文所用的術語中，這是記憶體階層的第二層），此功能需要由約三百至兩千個主動部位來達成。所有的記憶體合計起來，其輔助性的主動部位需求數量可高達整台機器的百分之五十。

記憶部位：存取時間與記憶體容量

記憶部位可分成許多類別，依照存取時間來分類。存取時間的定義為以下：一：儲存一個數字並且

將記憶部位中原本儲存的數字刪除所需的時間。該數字必須已經存在於機器的某一部分（通常在主動部位的暫存器中，參考下文）。二：被「詢問」的時候將所儲存的數字「複述」給機器另一可接收數字的部分（通常是主動部位的暫存器，參考下文）所需的時間。我們可以將此兩種存取時間區別（「進」與「出」），或只用其中較大者，或甚至其平均值。另，存取時間可能也可能不會依時機改變。假設存取時間不會隨著記憶體位址改變，我們稱之為「隨機存取」。即便存取時間是不定的，我們可以用最大值或平均值代表（後者當然會隨著待解問題統計上的性質而改變）。無論如何，為了簡化討論，我在這邊只用一個存取時間。

由主動部位組成的記憶暫存器

　　記憶暫存器可以主動部位建立（參考上文）這種

的存取時間最短且最貴。這種暫存器與其存取設備合
起來，每個二進位數字（或者正負號）是由至少四個
真空管（也可以是數量較少但差不多的固態裝置）所
組成。這也代表每個十進位數字需要至少四倍數量的
裝置來表示（參考上文）。上述十二個十進位數字
（及其正負號）的數字系統以此計算方式需要一百九
十六個真空管的暫存器。另一方面，這樣的暫存器的
存取時間為一或兩個基礎反應時間。相較於其他可能
性（參考下文）相比，這是非常快的。另外，整合數
個同類暫存器可節省設備；其他種類的記憶體也需要
它們做「進」與「出」的存取部位用；算術部位中有
些部分也需要用到一至兩個（在某些設計中甚至三
個）該類暫存器。總結來說，在適當數量的使用情境
中，它們可能比原先預期的還要經濟實惠，並在此情
境中做機器中其他部位的附屬部位有其必要。不過它
們並不適合用於幾乎所有大型計算機所需要的大容量

記憶體中〔這最後的評論僅適用於現代機器，也就是真空管時代以後的機器。在這之前，繼電器機器（參考上文）中是用繼電器作為主動部位，而記憶體主要是使用繼電器暫存器。因此，後續的討論也應被認知為僅適用於現代機器〕。

記憶部位的階層原則

那些龐大的記憶體容量因而需要用到其他種類的記憶體。在此，記憶體的階層原則就出現了。這個原則的重要性如下：

為了能夠正常運作（也就是求解問題），一台機器需要特定容量，例如 N 個字，與花費特定存取時間，例如 t，的記憶體。當然，要能夠在 t 存取時間提供 N 個字可能會遇到困難，不管是技術上或成本上，而後者是這種困難最普遍的表現方式。不過也許並沒有必要讓 N 個字都能在 t 時間時存取。有可能在

t 時間一定要存取的資料量是一個遠小於 N 的數字，
N'。此外也有可能，在 t 時間存取了 N' 字以後，接下
來只需要在一個較長的時間 t" 能夠存取 N 個字的全
部容量即可。朝這方向繼續下去，也有可能最經濟的
方法是除了上述方法以外提供某中間容量。這個中間
容量比 N 小但比 N' 大，而存取時間比 t 長但比 t" 短。
就這樣，最通用的設計就是提供一系列的容量 $N_1, N_2,$
$... , N_{k-1}, N_k$ 與存取時間 $t_1, t_2, ... , t_{k-1}, t_k$，其對容量的要
求愈來愈高而對存取時間的要求愈來愈低，也就是
$N_1 < N_2 < ... N_{k-1} < N_k$ 以及 $t_1 < t_2 < ... < t_{k-1} < t_k$。於是 N_i
個字需要在 t_i 時可存取，其中 $i = 1, 2, ... , k-1, k$。

記憶體元件：有關存取

　　在現代大型高速計算機中，將記憶體階層中所有
的層級統計時會發現一共有至少三個甚至四五個這樣
的層級。

　　第一層永遠對應上述的暫存器。其數字 N_1，在任何機器的設計中都至少為三，有時更高，偶爾會看到如二十這樣高的數字。存取時間 t_1 是機器的基本開關時間（或可能為該時間的兩倍）。

　　下一層（也就是第二層）總是由特定的記憶部位來建構。這些部位與機器其他地方（以及階層中第一層，參考上文）所使用的開關部位不同。在此階層所使用的記憶部位的容量 N_2 通常從數千字到數萬字都有（如後者這樣大的容量目前還處於設計階段）。存取時間 t_2 通常比上一層的時間 t_1 要長上五到十倍。而每往下一層通常代表記憶體容量 N_i 會再增加十倍。而存取時間 t_i 增加的速度更快，但這裡會受到其他的規則所限制（參考下文）。詳細討論這個問題所需要的細節程度在此刻似乎沒有必要。

　　最快的元件，具體來說記憶部位（也就是非主動部位，參考上文），是某些靜電裝置及磁芯陣列。後

者的應用毫無疑問在增加中，但其他技術（如靜電、
鐵電等）也可能出現或捲土重來。目前在記憶體階層
較後面的階層中用的多半是磁鼓與磁帶；而磁碟則是
有被提到並偶爾拿來探索。

存取時間概念的複雜處

　　最後三種提到的裝置都受到特殊存取規則與限制
所局限：磁鼓記憶體的內容是以迴圈的方式一個一個
呈現與存取；磁帶的容量基本上是無限大，但其內容
是以固定線性的方式接連呈現，並可在需要時停止與
倒轉。這些方法都可與各種設計結合讓機器運作與固
定的記憶體序列之間達到同步。

　　任何記憶體階層的最後一層一定都是外部世界，
或者說對機器來說的外部世界，也就是能夠與機器直
接通訊的部分。換句話說就是機器的輸入與輸出部
位。這些通常是打孔紙帶或卡片，當然在輸出端還有

列印紙。有時磁帶是機器最終的輸入輸出系統，而將其轉譯到人類可直接使用的媒介（也就是打孔紙或列印紙）的過程是在機器外部進行。

下述是一些存取時間的絕對值：現有的鐵心記憶體，五到十五微秒；靜電記憶體，八到二十微秒；磁鼓，每分鐘二千五百到二萬轉，或每二十四到三微秒一轉，而在這段時間可輸入一至兩千字；磁帶的速度可達每秒七萬行，也就是十四微秒一行；約五到十五行為一字。

直接定址法

所有現有的機器與記憶體都是採用直接定址法。這代表記憶體內的每個字都各自有其數字位址，該位址為其專有並且代表其在（所有階層的）記憶體中的位置。該數字位址在需要讀寫記憶體中的字時一定會清楚指定。有時並非所有記憶體中的內容都同時可供

存取（參考上文；也有可能有多個無法同時存取的記憶體，其存取優先順序受特定規則影響）。在此狀況下，記憶體的存取是依照存取當下機器的綜合態而決定。儘管如此，位址與其指定的位置絕對不會有定義不清的時候。

第二部

人腦

　　目前為止的討論已為此做主要目的的對比奠定了基礎。我已經相當詳細地描述了現代計算機的本質，以及主導其架構的各種大致上的原則。現在可以繼續討論該對比的另一半：人類的神經系統。我將討論這兩種「自動機」（automatum）之間相似與相異之處。指出兩者之間的相似元素並非創世之舉。而相異的元素也存在，不只在大小與速度等相對明顯的面向，也在某些更深的層面。這些層面涵蓋其運作與控制的原理以及整體架構等。我的主要目的是深入探討

這些議題。但要能夠透徹體會這些事情,需要將相似處及那些表面的相異處(大小、速度,參考上文)一起並列討論才能做到。因此後續討論也必須將相當大的重心放在這些特性上。

神經元功能的簡化描述

觀察神經系統,最先發現的特徵就是其運作表面看來是數位的。而我必須更完整的解釋這個結論以及導致這個結論的架構與功能。

這個系統的基本元件是叫做神經元的神經細胞。神經元的功能是產生並傳遞神經衝動。神經衝動是一個很複雜的現象,其包含了電、化學、機械等多種面向。儘管如此,神經衝動算是一個單一定義的現象,也就是說在所有的狀況下它幾乎不變;神經衝動代表的是在各種不同的刺激下都能產生的單一反應。

讓我再更詳細討論這些與目前脈絡相關的神經衝動特性。

神經衝動的本質

神經細胞內含一個細胞體及從中直接或間接衍生出的一個或多個分支。這種分支叫做軸突（axon）。神經衝動是一個連續變化，在（每一個）軸突上傳導。這個傳導速度通常是固定的，但也可能與其所在的神經細胞相關。如上面所述，這個狀態可從不同的面向來看。它其中一個特性就是它毫無疑問是一個電擾動。事實上這是最常拿來描述神經衝動的方式。這個擾動通常是一個約五十毫伏、持續約一毫秒的電位變化。在電擾動發生的同時，也有沿著軸突產生的化學改變。因此在軸突上脈衝電位經過時，細胞內液的離子濃度與軸突壁，或稱細胞膜，的電化學特性（導

電性、滲透性）都會改變。在軸突的末端，化學特性
上的變化更加明顯。在那裡，特徵性的特定物質在脈
衝抵達時會出現。最後，也可能有一些機械性變化。
確實，細胞膜的各種離子滲透性（參考上文）變化很
有可能就是其分子位向的改變造成的。換句話說，這
是由細胞膜成分相對位置的數個機械性變化所造成。

這邊應補充的是這些變化都是可逆的。也就是
說，當脈衝離開以後，軸突上的狀態及其組成部分都
會回到原始的狀態。

由於這些效應是分子尺度（細胞膜的厚度為數百
奈米等級，也就是 10^{-5} 公分，等同於這裡會出現的大
型有機分子的大小），上述以電、化學、機械效應的
分法其實並沒有乍看之下來的明確。的確，在分子大
小的世界中，這些不同種變化之間並沒有那麼明確的
不同。所有的化學變化都是引發分子相對位置變化
（也就是機械性的變化）的分子內力所引起。進一步

說，這種分子內的機械性變化會更改相關分子的電性
質，也因此會引起軸突電性質與相對電位的改變。總
結來說，在一般巨觀尺度下電、化學、機械作用等都
可以很清楚明確地辨別。但是在接近分子尺度大小的
神經細胞膜，這些不同型態之間的界線逐漸模糊。因
此不意外的神經衝動是一個可以視為任何上述任何一
種型態的現象。

激發的過程

　　如我前面所提，不管是如何誘發的，完整發展的
神經衝動都相似。由於神經衝動的特性無法明確定義
（可以視為電性也可視為化學性，如上文所述），其
誘發的原因也可歸類為電性或化學性。不過在神經系
統內，一個神經衝動通常是由一個或多個另外的神經
衝動所引起。在這樣的狀態下，其引發的過程，也就
是神經衝動的激發，不一定會成功。假如激發失敗，

一個短暫的擾動會出現，但在數毫秒後會消失。這樣一來就沒有擾動會沿著軸突傳導。假如激發成功，該擾動會很快地變成一個（近乎）標準的型態並以此型態沿著軸突擴散。也就是說，如前面提過的，一個標準的神經衝動會接著沿著軸突移動，而其樣貌基本上與它是如何激發的並無相關。

神經衝動通常是在神經細胞體內或周圍被激發。如上面所述，神經衝動通常沿著軸突擴散。

由脈衝激發脈衝的機制與其數位特性

我現在可以回來討論該機制的數位特性。神經衝動很明顯地可以套用前面的定義視為（二值）標記：脈衝的不存在可以代表一個值（如二進位的 0），而脈衝的存在可視為另一值（如二進位的 1）。當然，這必須以特定軸突（或特定神經元所有軸突）上的事件解釋，且有可能是在相對於其他事件的特定時間點

發生。這樣一來，它可以視為用於特定邏輯功能的一個標記（二進位的 0 或 1）。

如上面所提，（在某神經元的軸突上的）脈衝通常是由其他刺激神經細胞體的脈衝所激發。這個刺激一般來說是有條件的，即只有該主要脈衝以特定的空間與時機組合發生才會激發該次要脈衝，任何其他狀態都無法達到此效果。換句話說，神經元是一個能接收並發射具體、有形實體的部位，而這個實體就是脈衝。神經元只有在收到以特定空間與時機組合的脈衝時才會發射自己的脈衝，否則並不會發射。敘述什麼樣的脈衝能夠激發反應就是在描述主導此主動部位運作的規則。

這很明顯就是在描述一個在數位機器中運作的部位，也是在描述一個數位部位的任務與運作方式該如何定義。這也證明原來的主張是合理的，也就是神經系統**表面看來**有數位特性。

　　讓我針對「表面看來」這個詞多做一些解釋。上述的描述有部分已經理想化且簡化過了，而接下來將討論這些部分。在考慮這些部分後，神經系統的數位特性就不再那麼明確且絕對地凸顯。儘管如此，上面所點出的就是最主要並顯而易見的特質。而因此，這邊的討論很適合以強調神經系統的數位特性起頭，就如我剛剛做的一樣。

神經反應的時間特性，疲勞與回復

　　在開始討論前應該要先談談神經細胞的尺寸、能量需求、速度等以建立背景。尤其是在與其主要的「人造」競爭者比較時，也就是現代的邏輯與計算機器的主動部位，這些背景會特別有意義。這當然指的就是真空管以及（更近期的）電晶體。

　　我在上面說神經細胞的刺激通常發生在細胞體上或附近。事實上刺激發生在軸突上也是非常正常的。

這意思是說當軸突上的某個點以足夠的電位或足夠濃度的適當化學物質刺激的話會在該點產生一個擾動，而該擾動很快的就會發展成一標準脈衝並且自刺激點往軸突的兩端移動。事實上，上述的「一般」刺激多半是在一組從細胞體延伸出的短分支上發生，而這種分支除了尺寸較短以外基本上就與軸突沒有差別。刺激會從這些短分支擴散到神經細胞體（再到一般的軸突上）。順道一提，這些刺激接受器叫做**樹突**（dendrite）。正常的刺激是由（一個或多個）脈衝經由（一個或多個）軸突的特殊末端構造所產生的。這個末端構造叫做**突觸**（synapse）（在這邊我們不討論一個脈衝是否只能透過突觸刺激，或者脈衝在軸突上移動途中是否能直接刺激另一異常接近的軸突。表面證據看來是支持這種短路現象發生的可能性）。一個刺激要跨越突觸需要數百微秒的時間。這個時間的定義是在脈衝抵達突觸之後，受刺激的神經元軸突

上最接近的點出現脈衝所需要的時間。不過在把神經元當作一邏輯機器的主動部位時，這並不是定義反應時間最主要的方式。原因是在脈衝被激發時，被刺激的神經元還未回復到受刺激前的原始狀態。此時神經元是**疲勞**的，即無法立即接收並以標準方式反應另一脈衝的刺激。以機器經濟效應的角度來說，一個較有意義的速度定義是量測在一個誘發標準反應的刺激之後需要多久時間才能接收另一誘發標準反應的刺激。這個時間約為十五毫秒。而從這些數字可以明顯看到實際的跨突觸刺激只需要耗費百分之一或二的時間，剩下的則代表回復時間。在這段時間，神經元會從刺激後立即的疲勞狀態回到正常、刺激前的狀態。這邊應提到的是疲勞回復是一個漸進的過程。在更早的時間點（約五毫秒後）神經元就已經能以非標準的方式反應，也就是說神經元已能夠產生標準脈衝，但只有在遠大於在標準狀態下所需要的強度刺激才行。這個

情況有個還算廣泛的影響，這部分我後續再回頭來討論。

　　因此依照定義的不同，神經元的反應時間為 10^{-4} 與 10^{-2} 秒之間，但後者比較有意義。相較於這個值，現代大型邏輯機器中的真空管與電晶體的反應時間在 10^{-6} 與 10^{-7} 之間（當然這裡包含了完全回復的時間，而此部位在這段時間過後會回到刺激前的狀態）。也就是說，我們的人造物在這方面比對應的大自然元件還要進步，差別約 10^4 到 10^5 倍。

　　而說到尺寸，事情又不大一樣了。評估尺寸的方法有許多種，且最好一個一個討論。

神經元與人造元件的尺寸比較

　　由於有些神經元處於緊密結合的大型集合中並因此有非常短的軸突，而有些則是需要在遙遠的身體部位之間傳遞脈衝並因此延伸長度與人體長度相當，不

同神經元之間的長度差異可以非常地大。

因此一種明確且有意義的比較方式是取神經細胞邏輯運作中使用的部分來與真空管或電晶體比較。就前者來說就是細胞膜，其厚度如前面所提到的約為數微米級。就後者來說是這樣的：在真空管的例子裡就是柵極到陰極的距離，大約是數百至一千微米。在電晶體的例子中就是在所謂的「觸鬚式電極」（非歐姆電極，也就是「射極」與「控制電極」）之間的距離，同時考量到這些次元件周遭的有效範圍，算起來比一百微米還要小一點。因此，就長度來說，大自然的元件似乎比我們所製造的元件領先了 10^3 倍。

接下來可以比較體積。中樞神經系統（在腦中）所占的空間大約是公升級，也就是 $10^3 \, cm^3$。這個系統中所包含的神經元數量的估計值通常為 10^{10} 量級甚至更高。這代表每個神經元占據約 $10^{-7} \, cm^3$。

我們可以估算真空管或電晶體能夠以多高的密度

排列在一起，但無法做到零誤差。很明顯的這個排列密度（在兩者）是相較於單一元件的實際體積一個更能代表空間效率的計量。以現代的技術，數千真空管的集合必定會占據數十立方英尺；而相同數量的電晶體則會占數立方英尺。以後者的量級代表現代最先進的程度，可以算出數千個主動部位會占約一萬立方公分，即每一個主動部位占約十到一百立方公分。因此在體積要求上，大自然的元件領先人造元件約 10^8 至 10^9 倍。在與長度的估算做比較時，最好的方法也許是將長度與體積的立方根視為相同的基礎。上面的 10^8 到 10^9 的立方根是 500 至 1000。這與上面用直接的方式估算出的 10^2 相當一致。

神經元與人造元件的能量損耗比較

　　最後我們可以比較能量消耗。就本質上來說，主動邏輯部位不做功：其產生的脈衝只需要原激發脈衝

一定比例的能量就足夠，且無論如何這兩個能量之間並沒有任何本質上必然的關係。因此，相關的能量幾乎全部都會耗散，也就是在不做任何有意義的機械功下傳換成熱。因此消耗的能量其實是耗散的能量，因此不如討論這種部位的能量耗散。

在人類的中樞神經系統（大腦）中的能量耗散大約是十瓦級。而由於如上面所提到的，共有約 10^{10} 個神經元，這代表每個神經元的耗散約為 10^{-9} 瓦。標準真空管的耗散約 5 到 10 瓦級。而標準電晶體的耗散可能小至 10^{-1} 瓦。因此自然元件在能量消散上比人造元件好了 10^8 到 10^9 倍，與前面體積需求的倍數相同。

比較總結

將這一切總結，看來在尺寸上的相關比較得到的結果是自然元件比人造元件好 10^8 至 10^9 倍。這個倍率可以從長度立方的比較、體積的比較與能量耗散的

比較得到。而相對於此,在速度方面則是人造元件比自然元件好約 10^4 到 10^5 倍。

以這些定量的評估為基礎,我們可以得到某些結論。當然我們必須記得這些論述還是非常表面的,因此在這個階段所得到的結論很有可能隨著論述的進一步發展而需要修正。儘管如此,還是值得在目前這個階段提出一些結論。這些結論如下:

首先,在相同大小(以體積或能量耗損定義)、相同時間內一群主動部位能執行的動作數量來說,自然元件領先人造元件約 10^4 倍。這個是上面得到的兩種因素的商數,即 10^8 至 10^9 除以 10^4 至 10^5。

第二:這些相同的因素顯示了自然元件組成的自動機中偏好較多但較慢的部位,而人造的則相反,偏好較少但較快的部位。因此可以預期一個有效組織的大型自然自動機(如人類的神經系統)傾向盡可能同時蒐集最多的邏輯(或含資訊的)項目並同時處理它

們，而一個有效組織的大型人造自動機（如大型現代計算機）則傾向依次處理：一次處理一件事，或至少一次不會處理太多件事。也就是說，大型有效率的自然自動機較有可能是高度**平行**的，而大型有效率的人造自動機則較不會這樣，且較可能為**序列**的（參考有關比較平行與序列配置的前文）。

第三：然而，應注意的是平行與序列運算並不能毫無限制地互相替代，雖然這一點需要成立才能讓第一個結論，也就是很簡單地將尺寸優勢的因子與速度劣勢的因子相除得到一個「效能值」，為正確的。更準確地說，並不是所有序列的運算可以平行化。某些運算只能接在另一運算後面且無法同時執行（因為它們必須用到後者的結果）。在這種情況下，從序列設計轉換到平行設計可能做不到，也可能做得到但須同時搭配改變程序的組織與邏輯做法。另一方面，要將平行程序序列化可能要在自動機上強加一些新的要

求。更精準地說，這樣幾乎一定會產生新的記憶體需求，因為先執行的運算所產出的結果必須在後執行的運算執行時暫存起來。因此可以預期在自然自動機中的邏輯做法與架構會與人造自動機中的大相逕庭。另外，後者的記憶體需求最終很有可能有系統性地比前者高出許多。

這所有的觀點都會在後續的討論中再出現。

激發條件

最簡單的 —— 基礎邏輯

我現在可以來討論在更早前描述神經動作時將其理想化與簡化的點。我曾提出了它們的存在，也提到它們的影響並不容易評估。

如之前所提，一個神經元的正常輸出是標準的神經脈衝。這可以由各種不同的刺激所誘發，包含從其

他神經元抵達的一個或多個脈衝。其他可能的刺激源就是特定神經元特別有反應的外部世界現象（如光、聲、壓力、溫度等）以及在生物中神經元所在位置的物理與化學變化。首先我會討論一開始提到的刺激種類，也就是其他神經脈衝造成的刺激。

我曾提到由其他神經脈衝的適當組合刺激以產生神經脈衝這樣的特殊機制讓神經元與典型的基本數位主動部位看來相似。更詳盡地說，假設一個神經元與兩個其他的神經元軸突（透過突觸）接觸，並假設最低的激發需求（也就是產出反應的門檻）是兩個（同時）的脈衝，那這個神經元實際上就是一個「與」（AND）部位。由於該部位只有在兩個刺激源都（同時）活躍時才有反應，因此該部位執行的是邏輯運算的「合取」（conjunction）（以「與」稱之）。另一方面，若最低需求僅是至少一個脈衝抵達，則該神經元是一個「或」（OR）部位。由於該部位在其中一

個刺激源活躍時就會有反應，因此該部位執行的是邏輯運算中的「析取」（disjunction）（以「或」稱之）。

「與」及「或」是邏輯中的基本運算。包含「反」（邏輯非），這三個是一組完整的基本邏輯運算，也就是說所有其他的邏輯運算無論多麼複雜都能用三種組合出來。在這邊我不會一併探討神經元要如何模擬「反」運算，或者要用哪些技巧才能完全避免使用這個運算。前文應足夠明確說明我先前強調的事情，也就是神經元如以上面的觀點看來就像基本邏輯部位，也因此像基本數位部位。

更複雜的激發條件

然而這將現實理想化也簡化了。實際上一般而言神經元在系統中的地位並非如此簡單地安排的。

有些神經元的細胞體上的確只有一個或兩個，或

少量可數的其他神經元所形成之突觸。但是更常見的
是一個神經元的細胞體上可有多個與其他神經元的軸
突之間的突觸。而看起來有時甚至一個神經元的多個
軸突會與另一神經元之間形成多個突觸。因此，可能
的刺激源有很多，而有效的刺激模式定義比上述簡單
的「與」及「或」要來得複雜得多。若在單一神經細
胞上有多個突觸，後者最簡單的行為準則就是只有在
（同時）接收到某最低數量（以上）的神經脈衝時才
反應。但是即便假設實際上比這更複雜也似乎不無可
能。很有可能某些神經脈衝的組合能激發某神經元並
不是因為其數量，而是其抵達的突觸之間的空間關
係。也就是說，有可能會遇到一個神經細胞上有譬如
說數百個突觸，而有效（也就是在該神經細胞上會激
發脈衝反應）的刺激組合不僅是由其數量決定，也是
由其在該神經元上某特別區域（在細胞體或樹突上，
參考上文）的涵蓋率、那些特別區域之間的相對空間

關係,甚至是更複雜的相關定量與幾何關係等所決定。

閾值

若刺激是否有效的判斷條件是上述最簡單的一種,也就是刺激脈衝(同時間)抵達的最低數量,則此最低激發需求就稱為此神經元的閾值。通常在討論一個神經元的激發需求時是以該條件,也就是閾值,來討論。但切記我們並沒有證明激發條件有這麼簡單的特性。相較於上述單純達到閾值(即最低同時刺激數量),可能還有更複雜的機制存在。

加總時間

除了這些,神經元的性質也可能表現出其他無法以標準神經脈衝產生的簡單刺激與反應關係表現的複雜性質。

　　因此在上文中出現「同時」時，並不是也不能代表實際上精準的同時。每次提到「同時」所代表的都是一個有限的緩衝期，一個**加總時間**。在這段時間內抵達的兩個脈衝都會被當作同時抵達來處理。事實上，事情可能更加複雜。這個加總時間不是一個很明確清晰的觀念。既使超出了一點時間後，前一個脈衝還是有可能與接下來的脈衝加總，但是以逐漸減少的比例相加。而一序列的脈衝，即便其間隔（在有限度內）比加總時間還長，還是有可能因為其長度而比單一脈衝有更大的影響。疲勞與回復的各式疊加可能會導致神經元進入不正常的狀態，也就是其反應特性與標準條件下有所不同。有關上述所有議題都存在一些（或多或少不完整的）大量觀察。這些觀察都顯示出個別神經元可能，至少在適當的特定情況下，是由更複雜的機制主導而非公式化描述所能表現的；一個照著基礎邏輯運算的簡單模式所組成的刺激反應不足以

反映現實。

受器的激發條件

有關利用神經元輸出（神經脈衝）以外的因子刺激神經元，只有幾件事需要提出（尤其是在目前脈絡下）。如之前所討論，這些因子是相關神經元會產生反應的外部世界（也就是處於生物表面的）現象，以及生物中神經元所在位置的物理與化學變化。組織功能為反應第一類刺激的神經元通常稱為受器。不過或許應稱所有組織功能為對神經脈衝以外的刺激反應的神經元為受器，並將第一類與第二類區分為外部或內部受器。

考慮上述一切，激發條件的問題又出現了：在什麼樣的條件下能夠激發神經脈衝？

最簡單的激發條件又是能夠以閾值來描述的。就如前面討論由神經脈衝刺激神經元的時候一樣。這代

表決定刺激是否有效的條件能夠以最低刺激物強度來表示，即對外部受器來說最低亮度、某頻段中的聲能、過量壓力、上升溫度等；或對內部受器來說某重要化學物質的最低濃度變化、相關物理參數的最低變化等。

　　然而應注意的是閾值類條件並不是唯一一種激發條件。因此在光學上，似乎許多相關神經元是對亮度的變化產生反應（有些是對從亮到暗的改變，有些則是從暗到亮），而非對達到特定亮度產生反應。也有可能這些反應並不是單一神經元所產生，而是一個更複雜的神經元系統的輸出。但在這邊我不會探討這個問題。只需要說，現有的證據顯示神經系統中所採用的激發條件並非只有閾值一種，受器似乎也不例外。

　　讓我重複一下上述的典型範例。眾所皆知，視神經中有些纖維不對任何特定（最低）亮度反應，但會對此亮度的改變反應。即某些纖維中是對從暗到亮的

改變，而另外某些纖維是對從亮到暗的改變產生反應。換句話說，激發條件是以相關強度的增加或減少，即其大小的微分而非大小本身，所組成。

而現在似乎適合針對這些神經系統的「複雜性」在其功能架構與功能中所扮演的角色提出一些看法。第一，我們完全可以想像這些複雜性並沒有扮演任何有功能性的角色。但有趣的是它們還是有可能扮演這樣的角色，而因此可以針對這些可能性提出一些想法。

可以想像在幾乎以數位方式組織的神經系統中，上述複雜性扮演了一個類比或者至少「混合」的角色。曾有人提出透過這樣的機制可能會對神經系統的功能的產生某些深奧的整體電性影響。這有可能是某些整體電位扮演重要角色的方式，而系統對於某些潛在理論性問題的解答產生的反應是整體性的。這些問題與我們平常用數位條件與激發條件等所描述的問題

比起來較沒那麼直接簡單。由於神經系統的特性無論如何可能還是以數位為主，這些影響假如存在的話大概會跟數位結果產生交互作用。也就是說，這大概會是一個「混合系統」而不是一個完全類比的問題。這方面的推測已經有許多作者探討過，因此有關這些問題參考一般文獻應已足夠。我在這邊不會再進一步具體討論這些問題。

但這邊應提到這些複雜性代表著，就我們到目前為止基本主動部位數量的計算來說，一個神經細胞不僅是一個基本主動部位，而任何認真計算其數量的嘗試都應意識到這點。很明顯地，即便是較複雜的激發條件都會產生這個影響。假設神經細胞是因其細胞體上特定組合的突觸受到刺激而激發而非其他組合，則最有意義的主動部位數量就應一定是突觸的數量而不是神經細胞的數量。假設我們以上述觀察到的「混合」現象進一步描述現況，這個數量的計算過程會更

加困難。光是必須將神經細胞的數量以突觸數量取代就已將基本主動部位的數量大量增加十至一百倍。到目前為止所提到的所有與計算基本主動部位數量相關問題時都應記得這個與其他相似的情形。

因此這邊所提到所有的複雜性也許都不重要，但它們也可能賦予系統一種（部分）類比特性或「混合」特性。若計算過程參照任何有意義的條件，無論如何它們都會增加基本主動部位的數量。而這個增加的幅度可能約十至一百倍。

神經系統中的記憶體問題

到目前為止的討論都還沒考慮到一個在神經系統中很有可能甚至必然存在的元件。會這麼說是因為至少在所有自古以來的人造計算機中此元件都扮演著重要的角色，而因此其重要性應源自於原則性而不是偶

然。我說的就是**記憶體**。因此我現在要來討論這個神經系統中的元件，或應稱次組合。

如前面所述，神經系統中一個記憶體（或多個記憶體也不無可能）的存在是透過推測與假設，不過這些推測與假設在與所有有關人造計算用自動機的經驗中都暗示且確定過。當然也可以一開始就承認所有有關這些次組合的特性、實現方式、位置等的實體主張都只是猜想。我們並不知道在實體神經系統中一個記憶體會位於什麼地方；我們並不知道它是一個獨立的部位還是其他已知部位特定部位的組合等等。它有可能存在於一個由特定神經所組成的系統中。如果是這樣，則此系統必定相當龐大。它有可能與身體的遺傳機制有關。對於它的特性與位置，我們就跟懷疑心智位於橫隔膜的希臘人一樣無知。我們唯一知道的是該記憶體容量一定相當龐大，也很難想像一個像人類神經系統這樣複雜的自動機在沒有這種記憶體的情況下

運作。

估算神經系統記憶體容量的準則

　　現在讓我針對這個記憶體的可能容量提出幾點。

　　在人造自動機中，例如計算機，對於如何定義記憶體的容量有一個標準、多數人接受的共識。而將這個共識衍伸到神經系統似乎也滿合理的。一個記憶體可以保留某最大量的資訊，而所有資訊都能夠轉換成一群二進位數字，也就是「位元」。因此一個能夠儲存一千個八位數字的記憶體就應被定義為擁有 $1,000 \times 8 \times 3.32$ 位元的容量，因為一個十進位數字等於約 $\log_2 10 = 3.32$ 位元（如此定義的原因在夏農與其他人所著的資訊理論經典中所建立）。由於 $2^{10} = 1,024$ 大約為 $10^3 = 1,000$，三個十進位數字很明顯地相等於約十位元（如此一來，一個十進位數字對應約 $10 / 3 = 3.33$ 位元）。因此上述的容量計算結果為 2.66×10^4

位元。基於類似的論證，一個印刷或打出的文字可能有 $2 \times 26 + 35 = 88$ 種組合（2 代表大小寫的可能性，26 為英文字母的種類，35 為一般用到的標點符號、數字符號及在此處有意義的間隔等），而其所代表的資訊容量則必然定義為 $\log_2 88 = 6.45$。因此，舉例來說，一個能儲存一千個上述文字的記憶體有 $6,450 = 6.45 \times 10^3$ 位元的容量。在相同脈絡下也能用標準單位，也就是位元，表示形式較複雜的資訊所需的記憶體容量。這些資訊可能是幾何形狀（當然指的是擁有特定精度與解析度的形狀）、顏色的細微差異（限制與上述相同）等。儲存這所有資訊組合的多個記憶體容量則可以利用符合上述原則的方式計算出再將其加總。

符合條件的記憶體容量估算

現代計算機所需要的記憶體容量約為 10^5 至 10^6

位元級。由於前面所討論的神經系統比我們所知的人造自動機（即計算機）還要大了許多，因此推測神經系統運作所需要的記憶體容量比上面的計算還要高出許多。而推測出的記憶體容量比較上述的 10^5 至 10^6 應該大多少則很不易估算。不過還是可以做出某些粗略的估算以提供方向。

因此一個標準的受器似乎每秒可以接受約十四個不同的數位印象，而這應該也能當作是相同的位元數。假設有 10^{10} 個神經細胞，並假設每一個細胞在適當條件下都能算一個（內部或外部）受器，則得到的結果為每秒 14×10^{10} 位元的輸入。更假設，而有些證據顯示實際上是如此，在神經系統中並不會真正的忘記任何事情：這些印象一旦被接收了以後可能從神經活動最重要的區域，也就是記憶力的焦點移除，但並不會被真正的刪除。這樣假設下，我們可以估算正常人類一生中所需的記憶體容量。將後者設定為假設

60 年 = 2×10^9 秒，人類一生所接收的輸入，如上述所定義，總共會需要 $14 \times 10^{10} \times 2 \times 10^9 = 2.8 \times 10^{20}$ 位元的記憶體容量。這比現在計算機所公認合理的 10^5 至 10^6 的數字還要大。但此數字超出其計算機中相對應數字的幅度似乎不會比我們在基本主動部位的數量上已經看過的相對應差距大得毫無道理。

記憶體的各種可能具體型態

有關這個記憶體的具體型態的問題尚未解決。針對這點，不同作者提出了各種不同的解答。有人假設不同神經細胞的閾值（或更廣泛地說是激發條件）會依該細胞的過去史而隨時間改變。如此一來若一個神經細胞被頻繁地使用可能會降低其閾值，也就是將其激發條件放寬等。若此為真，則記憶體會存在於激發條件的變異性中。這當然有可能，不過在這邊我不會嘗試著探討這點。

　　類似概念再極端一點就是假設神經細胞之間的連結，也就是傳導用軸突的分布，會隨著時間改變。這代表下述事物狀態可能存在。我們可以想像持續不使用一個軸突可能讓其未來不再有作用。另一方面，非常頻繁地（比正常還高）的使用可能讓其所代表的連結在該路徑的閾值降低（一個較容易達成的激發條件）。在這情況下，神經系統的某些部分會隨著時間與過去史改變，也因此其本身就代表了記憶體。

　　另一形式的記憶體很明顯地存在，那就是人體的基因：基因與其組成的染色體很明顯地是記憶體元件，能夠依狀態影響並某種程度上決定整個系統的運作。因此基因記憶體系統的可能性也是存在的。

　　而還有其他形式的記憶體，其中有些並非毫無可能性。於是身體的某些區域的化學組成的某些特性可能自我延續而因此可作為記憶體元件。如果我們可以考慮基因記憶體系統，那我們也應該考慮上述類型的

記憶體，因為位於基因中自我延續的特質似乎也能將其置於基因以外，在細胞的其他部位。

　　我不會深入探討所有的可能性以及許多其他可視為類似或甚至有時更可信的機制。在這裡我想將討論限於以下的評論：即便不將記憶體定位於某特定神經細胞群中，許多不同可信度的各種具體型態都有可能並已經被提出過了。

與人造計算機的類比

　　最後我想要提的是以各式可能的迴圈方式互相刺激的神經細胞系統也可組成記憶體。這種記憶體系統會是以主動元件（神經細胞）組成。我們的計算機技術很頻繁並廣泛地運用這類記憶體。事實上我們最先介紹的就是這種記憶體。在真空管機器中，這些正反器，即一對對互相控制的真空管，正代表這類型的記憶體。電晶體技術以及幾乎所有其他形式的高速電子

科技容許並需要使用這些像正反器的次組件。這些就像早期真空管計算機中的正反器一樣可以當作記憶體元件使用。

記憶體背後的元件組成不必然與基本主動部位相同

不過我必須要指出，先天上神經系統不大可能使用這種元件作為滿足記憶體需求的主要方式。這種特性為「以基本主動部位組成的記憶體」，就各種主要評估方式來說都非常的昂貴。現代計算機技術在最一開始的時候採用這樣的設計，因此第一台大型真空管計算機，ENIAC 的主記憶體（即最快也最好直接存取的記憶體）只使用正反器。但是 ENIAC 的尺寸非常的龐大（兩萬兩千個真空管）並擁有以今日的標準來看非常小的主記憶體（僅可容納數十個十位十進位數字）。注意後者總數約數百位元（毫無疑問小於

10^3）。現今計算機的機台大小與記憶體容量比例（參考上文）正常來說是約 10^4 基本主動元件與 10^5 至 10^6 位元的記憶體容量。這是透過使用不同型態的記憶體達成的，與機器的基本主動部位採用技術上全然不同的型態。因此一台真空管或電晶體機器的記憶體可能會存在於靜電系統（陰極管）或者適當排列的大型鐵心集合中等等。我在這邊不會將全部的類型列出，因為其他同樣重要的記憶體型態，如聲延遲、鐵電體、磁致伸縮延遲等（這個清單還可以再加長），它們無法輕易地分類。我只想要點出記憶體所使用的元件可能與基本主動部位的基礎元件截然不同。

　　這些面向對於了解神經系統的結構似乎非常重要，而它們似乎大都尚未得到解答。我們知道神經系統的主動部位是什麼（神經細胞）。我們完全有理由相信這個系統有一個容量非常大的記憶體。但我們對於記憶體的基本元件是哪種實體卻毫無概念。

神經系統中的數位與類比部分

在前文指出與神經系統記憶體有關的深入、基本、尚未解決的問題之後似乎很適合探討其他問題。不過在這裡應再提出一個有關未知的神經系統記憶體次組合的小特性。這些評論是有關神經系統的類比與數位（或「混合」）部分之間的關係。接下來我會專注在這些簡短且不完整的額外討論上，並在此之後討論記憶體以外的問題。

我想要提出的觀察是這個：如我先前所指出，這些經過神經系統的程序有可能將其性質從數位轉換為類比再轉換回來，並一再重複。神經脈衝，即此機制的數位部分，可能控制這個程序的某個階段，例如特定肌肉的收縮或者特定化學物質的分泌。這個現象是屬於類比的，但它有可能因為被對應的內部受器感測到而成為一串神經脈衝的起源。當這樣的神經脈衝產

生的時候，我們又回到了數位的進展路徑。如上面所提，這樣從數位程序到類比程序再回到數位程序的交替過程可能會發生很多次。因此系統中的數位神經脈衝與類比的化學改變或因肌肉收縮造成的機械性位移都有可能交替發生因而賦予任何程序一種混合的性質。

在上述脈絡中遺傳機制所扮演的角色

在這脈絡下，遺傳扮演了一個特別典型的角色。基因本身明顯是數位元件系統的一部分。然而它們的影響，包含刺激特定化學物質的形成，也就是屬於該基因特有的酵素形成，須歸類於類比屬性。因此在這個領域，我們看到了一個類比與數位交替的特別例子，也就是說這是屬於一個我在上面大致提過更廣泛通則中的一個例子。

碼與其在機器運作中的角色

現在容我將討論轉移到與記憶體無關的議題上。我說的是規劃邏輯命令的某些原則，其在任何複雜的自動機運作中都有舉足輕重的地位。

首先讓我介紹一個目前脈絡中所需要的術語。一個自動機可執行並能讓其完成某些有條理的任務的邏輯指令系統稱為碼。當我提到邏輯命令，我指的是像神經脈衝出現在正確的軸突上，或者任何能讓一個邏輯系統像神經系統一樣可以有目的並可重複運作的事情。

完整碼的概念

說到碼，以下的區別就立刻凸顯出來了。以神經脈衝來解釋，一組碼若能指定脈衝出現的順序與其所在的軸突，則能稱之為完整。如此一來就理所當然能

完整定義神經系統的一個特定行為。或者就上面的對比來說，定義相對應的人造自動機的特定行為。在計算機中，這樣的完整碼是一組帶有所有必要規範的命令。當一台機器要透過計算求解一個特定問題時，必須是由如此定義的完整碼控制。現代計算機的運用基礎是建立在使用者開發與制定必要的完整碼以求解任何該機器應解的問題。

短碼的概念

相較於完整碼，有另一種碼則適合稱作為短碼。它們以下述概念為基礎。

英國邏輯學家圖靈在 1937 年示範了一台計算機的碼指令系統是能夠使該計算機表現如另一特定計算機一樣的。而在此之後許多計算機專家也以各種特定方式將此方法實現。一個能讓一台機器**模仿**另一台機器的行為的指令系統被稱為短碼。請容我再多講一些

有關短碼的使用與開發的細節。

　　一台計算機如我先前提過是由碼所控制的。碼是一串通常為二元的符號，即位元串。任何一組規範計算機運用的指令都必須要明確指出哪一個位元串為命令以及該命令會使該機器做什麼事情。

　　對兩台不同的機器來說，這些有意義的位元串不需要一樣，而無論如何它們很可能各自會使其對應的機器做出完全不同的動作。因此若一台機器收到一組專門用於其他機器的命令，這些對於前者來說至少一部分應為毫無意義的。也就是說這些位元串不見得全部都屬於（對前者來說）有意義的集合中的一員，或者當前者遵循該位元串的時候所執行的行動是不屬於能夠求解目標問題的組織性計畫中，並且一般來說並不會使前者有目的性地求解一個有形、有組織的任務，也就是特定目標問題。

短碼的功能

　　一組碼，就圖靈的定義來說應會使一台機器表現如另一特定機器一樣（也就是讓前者**模仿**後者）。為了達到此目的，碼應做到以下幾件事。它必須包含該機器能理解（並有意義地遵循）的指令（也就是該碼更進一步的細節），而這個指令會使該機器檢視所有其收到的命令並判斷是否該命令擁有對應第二台機器的結構。因此它必須包含以第一台機器的命令系統定義的命令，其足以讓該機器執行第二台機器在相同命令下所執行的動作。

　　圖靈得到的重要結果是，如此一來能夠使第一台機器模仿任何其他機器的行為。第一台機器因而遵循的命令結構可能與該機器本身特有的命令結構完全不同。因此這邊提到的命令結構也許是涉及更複雜的命令而不是第一台機器特有的。該次要機器的每一個命令也許都需要前者執行數個運算。它也許涉及複雜迭

代的程序或者多種各式可能的動作。總而言之，第一
台機器在任意時間內並在任意複雜度的所有可能的命
令系統控制下能夠執行的任何事情，現在都有可能被
當作基礎動作（基本、簡單、原始的命令）執行。

　　而該次要碼稱為短碼的起因是基於歷史：這些短
碼是用來輔助編碼的，也就是說它們的出現是為了想
要比一台機器所容許更簡短的方式編碼。將其當作一
台擁有不同且有更完整更方便的命令系統的機器可以
使得編碼更簡單直覺且不再那麼迂迴。

神經系統的邏輯架構

　　在此最好將討論導向另一群複雜的問題。如我先
前所提，這些問題與記憶體的問題無關也與剛剛討論
的完整碼及短碼無關。它們是有關邏輯與算術在任何
複雜的自動機，尤其在神經系統中所扮演的角色。

數值程序的重要性

這邊所要討論極為重要的要點是這個。任何為了讓人類使用而建造的人造自動機，特別是為了控制複雜程序的，通常含有一個純邏輯的部分與一個算術的部分。換句話說有一個與算術程序毫不相干的部分以及一個算術程序占重要位置的部分。這是因為由於事實上我們在思考與表達思想的習慣上很難跳脫以公式及數字表達任何確實很複雜的情況。

因此一個自動機若要控制這類問題，如恆定溫度或某些壓力、人體內的化學物質等，而此問題是由人類設計師所制定的，則此問題會是以數值等式或不等式定義。

數值程序與邏輯的互動

另一方面，此問題的某些部分也許可以不訴諸數值關係而制定，也就是以純邏輯定義。因此某些有關

生理反應的有無的性質上原則可以不利用數字來定義，而僅須描述哪些事件會在哪些情況的組合下發生，而在哪些組合下又不希望發生。

預期需要高精度的原因

這些觀察顯示，將神經系統當作自動機看待時必定同時包含算術與邏輯的部分，且神經系統中算術的需求與邏輯的需求一樣重要。這代表我們討論的又是一個原本意義上的計算機，而接下來理應以計算機理論中熟悉的概念來進行討論。

有鑑於此，接下來的問題就出現了：當我們將神經系統當作計算機來看待時，算術部分運作所需的精度應為多少？

這個問題因為以下的原因而特別重要：所有計算機的相關經驗顯示若一台計算機必須處理的問題與神經系統明顯必須處理的算術問題一樣複雜，則必須提

供能處理相對高精度的設備。原因是計算過程很可能很冗長，而在冗長的計算過程中不僅誤差會累加，在前期的計算產生的誤差會被後期的計算放大。因此相較於問題物理性質本身表面上的需求，實際所需的精度要高得多。

因此我們可以預期神經系統中存在一個算術的部分，其以計算機看待時必定以相當高的精度運作。在熟悉的人造算機中以及這邊的複雜狀態下，十或十二位數的精度並不為過。

這個結論正因其難以置信而非常值得計算出來。

記數系統的性質：
統計的而非數位的

如先前所提，我們對於神經系統如何傳送數值資料有某程度的了解。它們通常是以週期性或近週期性

的脈衝列傳送。當受器受到一個強烈的刺激時，前者
會在絕對不反應期結束後馬上再一次反應。一個較弱
的刺激也會使受器週期性或近週期性的產生反應，但
頻率較低。這是因為絕對不反應期結束過後還須經過
某段相對不反應期後才有可能產生下一次反應。因
此，可量化的刺激強度會轉變成週期性或近週期性的
脈衝列，而其頻率必定為刺激強度的單調函數。這像
某種調頻的信號系統，將強度轉譯成頻率。這在視神
經的某些纖維以及傳輸有關（某重要）壓力訊息的神
經中曾直接觀察到。

　　值得提到的是傳輸頻率並沒直接與任何刺激的強
度相等，而是後者的單調函數。如此一來就能容許各
種放大縮小的效果，並且讓精度能夠隨著因而產生的
比例以適合且有利的方式表現。

　　應提到的是這邊的頻率通常在每秒五十至兩百個
脈衝之間。

　　很明顯地，在這樣的情況下，前面所提的精度
（十至十二位數！）根本毫無可能。神經系統是一個
能以相對低的精度做極為複雜的工作的計算機。根據
上文，神經系統只能達成小數點後二到三位的精度。
我必須一次又一次地強調這點，因為沒有任何一台已
知的計算機能夠經常在如此低的精度運作卻能維持可
靠性。

　　另外有一件值得提到的事情。上述的系統不僅會
導致低精度，還會導致相對高的可靠度。的確，很明
顯的當數位記數系統中有一個脈衝消失時會導致意義
完全變形，變得毫無意義。而另一方面，很明顯地，
在前文描述的系統中有一個甚至多個脈衝消失或不必
要地、錯誤地插入，則相關頻率，也就是訊息的意
義，只會受到無關緊要的扭曲。

　　現在必須很鄭重地回答一個在此出現的問題：有
關神經系統所代表的計算機的算術與邏輯架構，我們

從這些有點矛盾的觀察中能夠推導出哪些重要的結論？

算術的劣化、算術與邏輯深度所扮演的角色

對任何研究過冗長的計算過程中產生的精度劣化的人來說，答案顯而易見。如先前所提，這樣的劣化的原因來自於誤差透過**疊加**的累積，更是因為計算前期產生的誤差因為後續計算的作用而**放大**。這也代表是因為必須序列執行大量算術運算而導致，或者說是因為該設計的**算術深度**導致。

而有會有如此多的運算需要序列執行當然是因為這是算術結構的特性之一，也是其**邏輯**結構的特性之一。因此我們可以正確地說這些精度劣化的現象是因為這種設計的龐大**邏輯深度**所致。

算術精度或邏輯可靠度互相替代的關係

這邊也必須提到在神經系統中使用的訊息系統，如上述，本質上是**統計的**。也就是說，重要的不是特定標記──即數字──的精準位置，而是其發生的統計特性，也就是週期性或近週期性的脈衝列頻率等。

因此神經系統看似在使用一個與我們所熟悉的一般算術與數學中使用的記數系統相異的系統。與其使用一個每個標記位置與其存在與否都能決定訊息意義的精準標記系統，我們用的是一個透過訊息統計屬性來傳遞意義的記數系統。我們已經看過這是如何導致較低的算術精度但更高的邏輯可靠度：算術的退步被拿來交換邏輯的進步了。

訊息系統其他可用的統計特徵

在這脈絡下，接下來自然而然需要再問一個問題。上文中某些週期性或近週期性的脈衝列頻率中夾

帶了**訊息**，也就是**資訊**。它們很明確地是訊息的統計特徵。有沒有其他的統計特性可以用來作為資訊傳輸的媒介？

目前為止唯一被拿來傳送資訊的訊息特質是其頻率，以每秒的脈衝數計為單位。這邊假設了訊息是一個週期性或近週期性的脈衝列。

很明顯地該統計訊息的其他特徵也是可能拿來使用的。的確，我們提到的頻率僅是單單一個脈衝列的屬性，而每一個相關的神經束都包含了大量的纖維，每一條都能傳遞許多脈衝列。而因此那些脈衝列之間某些（統計上的）關係若能夠傳遞資訊也是非常合理的。從這點出發，我們自然會想到各種相關係數等等的數值。

大腦的語言不是數學的語言

更進一步探究此議題則理所當然把我們帶到語言的問題上。如之前指出，神經系統是以兩種通訊為基礎：與算術形式無關的以及與算術形式有關的，也就是命令的通訊（邏輯）以及數字的通訊（數學）。前者嚴格來說可稱為語言，後者為數學。

我們應該理解到語言大致來說是歷史上的一個意外。人類的基本語言傳統上是以各種形式傳遞給我們，但他們的多樣性正證明了語言並非絕對且必要的。就如希臘文與梵文是史實而沒有邏輯上的必要性，我們可以很合理地假設邏輯學與數學同樣地是一個史實並偶然的表達形式。它們也許有其他本質上的變體，也就是它們可能以我們所習以為常的形式以外的方式存在。的確，中樞神經系統的本質與其傳輸用的訊息系統確實表示了事實是這樣。現在我們已經累

積了足夠的證據顯示，不管中樞神經系統用的是什麼
語言，其特性是邏輯與算術深度比我們習以為常的還
要淺。下面是一個很明顯的例子：人類眼睛的視網膜
會將眼睛所感測到的視覺影像做大幅度的重組。這個
重組是在視網膜上發生的，更精準地說是發生在視神
經起點的三個連續突觸，也就是連續三個邏輯步驟。
位於中樞神經系統的算術功能中的訊息系統，其統計
特性與低精度也代表著前面所描述的精度劣化沒辦法
在訊息系統中走非常遠。因此在這邊的邏輯結構與我
們通常在邏輯學與數學中習以為常的結構有所不同。
如前面所指出，與我們在類似的狀況中所見到的相
比，這些結構的特性是更淺的邏輯與算術深度。因此
將中樞神經系統中的邏輯與數學當作語言來看待時，
必定與我們的共同體驗中所看到的語言在結構上有本
質性的不同。

　　而應注意的是這邊所說的語言也可能對應先前所

描述的短碼而非完整碼。當我們在討論數學時,我們也許是在討論一個**副語言**。而這個副語言是建立在中樞神經系統所真正使用的**主語言**上。因此,用於評估中樞神經系統真正用的數學或邏輯語言是什麼的時候,我們用的數學的外在形式並沒有絕對的重要性。但是上述有關可靠性以及邏輯與算術深度的論述證明了不管是什麼樣的系統都不可能與我們有意識與清楚認定的數學有太大的不同。

索引

人物

文獻

科學名詞

0-5 畫

Z-3 電腦　Z-3　3, 11-15, 22, 33, 39, 44-45, 105-108, 133, 150-151, 157, 161

中樞神經系統　central nervous system　133, 135, 173-175

內儲程式　stored program　27-28, 31-34, 38

冗餘　redundancy　25

分子內力　intramolecular force　125

分支點　branching point　92, 96

分析機　Analytical Engine　33-34, 35

主動部位　active organ　13-14, 53, 56, 83, 110-113, 115, 117, 128-129, 131, 134, 136, 139, 147-148, 153, 156-157

巨人電腦　Colossus　30, 32

本質奇異點　essential singularity　43

正反器　flip-flops　155-156

貓頭鷹書房 271

電腦與人腦：現代電腦架構之父馮紐曼的腦科學講義

作　　　者	馮紐曼
譯　　　者	廖晨堯
企劃選書	鄭詠文
責任編輯	王正緯
校　　　對	李鳳珠
版面構成	張靜怡
封面設計	児日
行銷統籌	張瑞芳
總 編 輯	謝宜英
出 版 者	貓頭鷹出版

發 行 人　涂玉雲
發　　行　英屬蓋曼群島商家庭傳媒股份有限公司城邦分公司
　　　　　104 台北市中山區民生東路二段 141 號 11 樓
　　　　　畫撥帳號：19863813；戶名：書虫股份有限公司
城邦讀書花園：www.cite.com.tw　購書服務信箱：service@readingclub.com.tw
購書服務專線：02-2500-7718~9（周一至周五上午 09:30-12:00；下午 13:30-17:00）
24 小時傳真專線：02-2500-1990；2500-1991
香港發行所　城邦（香港）出版集團／電話：852-2877-8606／傳真：852-2578-9337
馬新發行所　城邦（馬新）出版集團／電話：603-9056-3833／傳真：603-9057-6622
印 製 廠　中原造像股份有限公司
初　　版　2021 年 5 月
定　　價　新台幣 350 元／港幣 117 元（紙本平裝）
　　　　　新台幣 245 元（電子書）
Ｉ Ｓ Ｂ Ｎ　978-986-262-471-5（紙本平裝）
　　　　　978-986-262-473-9（電子書 EPUB）

有著作權·侵害必究
缺頁或破損請寄回更換

讀者意見信箱　owl@cph.com.tw
投稿信箱　owl.book@gmail.com
貓頭鷹臉書　facebook.com/owlpublishing

【大量採購，請洽專線】(02) 2500-1919

城邦讀書花園
www.cite.com.tw

國家圖書館出版品預行編目資料

電腦與人腦：現代電腦架構之父馮紐曼的
腦科學講義／馮紐曼著；廖晨堯譯 . -- 初
版 . -- 臺北市：貓頭鷹出版：英屬蓋曼群
島商家庭傳媒股份有限公司城邦分公司
發行, 2021.05
面；　公分 . --（貓頭鷹書房；271）
譯自：The computer and the brain.
ISBN 978-986-262-471-5（平裝）

1. 電腦科學　2. 腦部　3. 神經學

312.9　　　　　　　　　　110006500